手绘传奇植物科普丛书

媲美化学工厂的植物

丛书主编◎李晓东　李振基　孙英宝
主　　编◎何　卿　李晓东　李青为
绘　　图◎戴　越　孙英宝

中国林業出版社

丛书主编：李晓东　李振基　孙英宝
主　　编：何　卿　李晓东　李青为
编　　委：林秦文　张　京　田　壮
朱立杰　费红红　吴学学
郑　沛
绘　　图：戴　越　孙英宝

图书在版编目（CIP）数据

媲美化学工厂的植物 / 何卿，李晓东，李青为主编；戴越，孙英宝绘图 . -- 北京：中国林业出版社，2022.6
（手绘传奇植物科普丛书 / 李晓东，李振基，孙英宝丛书主编）
ISBN 978-7-5219-1487-0

Ⅰ . ①媲…　Ⅱ . ①何… ②李… ③李… ④戴… ⑤孙…　Ⅲ . ①植物生物化学—普及读物　Ⅳ . ① Q946-49

中国版本图书馆 CIP 数据核字（2022）第 003355 号

中国林业出版社・自然保护分社（国家公园分社）

策划编辑　刘家玲
责任编辑　葛宝庆　肖　静
出版发行　中国林业出版社（北京市西城区刘海胡同 7 号）
电　　话　（010）83143612　83143577
邮　　编　100009
印　　刷　河北京平诚乾印刷有限公司
版　　次　2022 年 6 月第 1 版
印　　次　2022 年 6 月第 1 次印刷
开　　本　880mm × 1230mm　1/32
印　　张　4.5
字　　数　65千字
定　　价　50.00元

序一

在我们所居住的地球之上，与我们人类相伴而生的植物有30多万种，构成了一个庞大的大家庭——植物界，它不仅蕴藏着很多的科学奥秘，还与我们人类和所有动物的生存紧密相连，是诸多生命健康存在的保障。有的植物生长高达百米以上，有的小如米粒。有的植物为了生存，身怀绝技；有的植物生存环境恶劣，但学会了应对。有的植物拥有人类生命成长所必需的能量，分别被加工成了美食和药材；有的植物却已经被人类过度利用而面临濒危和灭绝。为了让读者更广泛而深入地认知与了解这些植物存在的重要价值与意义，中国科学院植物研究所的李晓东、孙英宝和厦门大学李振基同志编写了《手绘传奇植物科普丛书》，以图文结合的方式展示与讲述了各类植物的形态特征、广泛用途与生存智慧。

这套《手绘传奇植物科普丛书》把科学、博物、艺术和生活融为一体，并且配有精美的手绘图，带领大家去领略植物界最引人入胜的植物风采，把丰富的自然知识用通俗的语言在愉悦的氛围中进行传递。所以，这是一套值得向所有热爱自然万物和科学绘画的人推荐的好书！

是为序！

王文采

2018年5月12日

序二

植物，是人类生活之中必不可缺的重要部分。人类的衣、食、住、行都与植物有着密切的联系，可以说人类的生命与植物息息相关。人类及其他生物均靠大自然的养育而存活，尤其离不开植物，它们用生命供养着人类。但这种以生命为代价的付出，不仅没有得到很好的回报，反而被人类渐渐遗忘，忘记这些植物叫什么名字、生长在哪里、为人类提供了什么帮助。这就是人们常说的“自然缺失症”症状之一。

随着人类的不断进步与发展，人类所向往的都市生活已经实现，同时人类不惜花费巨资在大自然中打造出了自以为更能适合其生活的美好环境，建设了很多青砖灰瓦、钢筋混凝土结构的城市。它们已经把人类与自然隔离得越来越远。城市数字化与电子虚幻世界也在侵蚀着人类的文化发展与健康生活，周围的自然环境也被逐渐地淡化与漠视。人类的文明发展与健康生活，以及美好的生存环境，正在面临着严峻的考验。

针对人类当前所面临的城市化问题，《手绘传奇植物科普丛书》编写小组联合植物学领域内的同仁以及科学绘画与博物精品绘团队的画家们进行深入研究之后，给读者奉献了这套集科学性、趣味性、美学性为一体的系列自然科普图书，以此拉近读者与大自然的距离。本套丛书涵盖了《超级危险的植物》《媲美化学工厂的植物》《丰富可食的植物》《拥有特殊本领的植物》《特殊地域的植物》《即将消失的植物》《美丽的观赏植物》。

丛书主编

2021 年 3 月

前言

植物的细胞是构成生命体的基本单位，就像一个个精细的生产车间，无数个生产车间连接在一起组成庞大的植物化学工厂。植物的生命形式是特殊的，它的化学工厂因自身的需求以及对生态环境的适应而在永不停息地运转。

植物具有光合作用的特殊转化能力——在太阳光的照射下，绿色的叶片能够将从空气中吸收的二氧化碳和土壤中吸收的水同化为富有能量的有机物（糖类），并释放出氧气。而植物光合作用的初制品和从根中吸收的各种无机养分经再加工，进一步生成脂类、核酸和蛋白质等物质。植物的光合作用不仅为自身提供了营养物质，也为人类、其他动物和微生物的生长提供了食物的最初来源。此外，糖类等有机物通过次生代谢衍生出萜类、酚类和生物碱等具有特殊生理功能的小分子物质。某些物质是植物生命活动必需的，如生长素、赤霉素等植物激素，花青苷、类黄酮、类胡萝卜素等植物色素，以及除虫菊酯、棉酚等抵御害虫的植物化合物等。某些物质往往是与人类息息相关的重要药物（如紫杉醇）或工业原料（如橡胶）。对于生物界的几乎所有生物来说，植物化学工厂是它们赖以生存的关键。

地球上大约有38万种植物，每一种植物都如同一座小型的化学工厂，它们就是一座取之不尽的财富宝库。在我们通常食用的番茄中，就含有1万种以上的植物化合物，如能将它们分离出来，就相当于1万种“新药”。在人类的世界，从食物、衣料到药品，再到工业原料，无一不与植物的化学工厂紧密相连。植物庞大而精细的化学工厂，怎能不让我们惊叹？

文中引用了许多科学家的文献资料，在此表示诚挚的谢意！由于作者水平有限，内容尚存不足之处，恳请读者批评指正。

编者

2022年2月

目录

目 录

21世纪的新主粮——马铃薯

马铃薯又叫土豆、洋芋、阳芋、山药蛋、洋山芋、地下苹果等，是茄科茄属的草本植物。马铃薯在人类的经济与生活中的地位在世界上仅次于小麦、稻谷和玉米，是第四大粮食作物，在我国已经有400多年的栽培历史了。在人类的生活中，马铃薯既可以作为粮食，又可以作为蔬菜来使用，而且是轻工业和食品工业的重要原料，具有很高的开发和利用价值。

2015年1月，我国提出了马铃薯主粮化的战略，不仅有助于推进我国种植业结构的调整，保障粮食的安全，还有助于改善和丰富我国居民的膳食营养结构。马铃薯之所以能成为主粮，是因为它的块茎中富含淀粉及其他少量的蛋白质、维生素、矿物质和膳食纤维等，对人体健康具有良好的保健作用。人吃了马铃薯之后，不仅能填饱肚子，而且能获得维生素等营养物质。虽然马铃薯所含有的淀粉含量要比小麦、水稻和玉米低很多，但是它所富含的膳食纤维使人吃了之后更有饱腹感，也不容易使人发胖。近年来，彩色马铃薯因富含多种多酚、花色苷、维生素C及类胡萝卜素等功能成分，具有抗氧化、调节脂质代谢、抗癌、降血糖、延缓衰老等多种生理功能，受到广泛的关注。

马铃薯之所以被称作“21世纪的新主粮”，还因为其所具有的适应性强、耐瘠薄干旱、产量高等特点。在我国土地贫瘠和气候恶劣的地区，种植马铃薯已经成为生产食物的主要方式。进入21世

马铃薯 *Solanum tuberosum* L.（戴越绘图）

纪之后，全球的气候和环境条件不断恶化，加上人口的不断增长，人类的生存需要更多的食物来保障。所以，人类粮食安全的问题需要更多地依赖马铃薯来解决了。

生产蛋白和油脂的植物——大豆

大豆是豆科大豆属的一年生草本植物，种类很多，根据其种皮的颜色可以分为黄豆、青豆和黑豆等。我们生活中最常见且应用最多的是黄豆，是豆科植物中最富有营养而又易于消化的食物，也是蛋白质最丰富和最廉价的原材料。

我国是大豆的原产国，对大豆的栽培和应用已经有 5000 年的历史。大豆生产包括 5 个重要的产区：东北三省春大豆区、黄淮海流域夏大豆区、长江流域春夏大豆区、江南各省秋大豆区和两广云南大豆多熟区。其中，东北和黄淮海地区是我国大豆种植面积最大、产量最高的两个区。

大豆的用途主要是用来榨油、生产蛋白产品和直接食用，其营养价值可以和猪肉相媲美，被人们称为“生长在田里的肉”。大豆富含有蛋白质，并且蛋白质的氨基酸组成和动物蛋白质近似，容易被消化吸收。大豆蛋白质含有人体所必需的 8 种氨基酸，特别是赖氨酸、亮氨酸和苏氨酸，这些氨基酸在人体内不能直接合成，必须依靠吃食物来补充。

大豆中的脂肪含量在所有豆类中位居首位，被人们誉为“豆中之王”。平时烹饪食品所用的食用油，大多来自植物，其中使用最多的是豆油。豆油富含不饱和脂肪酸，有利于人体健康。不饱和脂肪酸中的亚油酸和亚麻油酸是人体必需的脂肪酸，且不能由机体自身合成，必须从食物中获取。

大豆 *Glycine max* (L.) Merr.（戴越绘图）

大豆中还含有磷脂、甾醇、异黄酮、皂苷、低聚糖、维生素E、多肽、膳食纤维等多种生物活性成分。因此，大豆也具有多种生物活性，如降血糖、降血脂、抗氧化、抗炎、预防癌症、改善骨质疏松、增强机体免疫力、健脑益智、促进肠道健康等。

1995年以前我国是大豆主要出口国，2005年我国开始成为世界最大的大豆进口国。目前，我国大豆正在面临着从未有过的一场危机——“洋大豆”大举进入，已基本控制了我国大豆加工业。我们要支持国产大豆，加大科研投入并加强适合不同区域的新品种研发与优质高产栽培技术的推广，帮助我国大豆走出困境。

神奇的减肥植物——魔芋

魔芋是天南星科魔芋属多年生草本植物的总称，被人们称为“魔力食品”，也被联合国卫生组织列为十大保健食品之一。全世界魔芋属的植物约有 170 种，我国有 21 种，有 9 种是我国特有种，其中，最具研究开发价值的是花魔芋和白魔芋。

魔芋为什么能有减肥功效呢？原来，魔芋的神奇之处就在于其球茎富含葡甘聚糖（konjac glucomannan，简称 KGM）。KGM 并不甜，它是由 D- 葡萄糖和 D- 甘露糖按 1 ：2 的比例，通过 β -1,4 糖甘键结合而成的天然高分子多糖。KGM 是一种优质的膳食纤维，因其具有独特的水溶性、持水性、成膜性、凝胶性、增稠性等特性，从而具有降血糖、降血脂、排毒通便、减肥瘦身、增强免疫力等生物活性，在食品、保健品、医药、化妆品等领域有着广泛的应用。KGM 具有很强的吸水性，吸水后体积可膨胀 80~100 倍，人吃进肚子后，很容易让人产生饱腹感，从而减少食量。同时，KGM 不产生热量，进食后能促进胃肠蠕动，延缓食物的消化和吸收，润肠通便，最终起到减肥的作用。

据统计，全世界每年需求魔芋精粉超过 10 万吨。但截至目前，我国魔芋栽培大多采用传统的地方品种及栽培技术，使得魔芋产出量远远达不到要求。因此，加快魔芋新品种选育尤其是适于不同加工产品的专用品种选育至关重要。

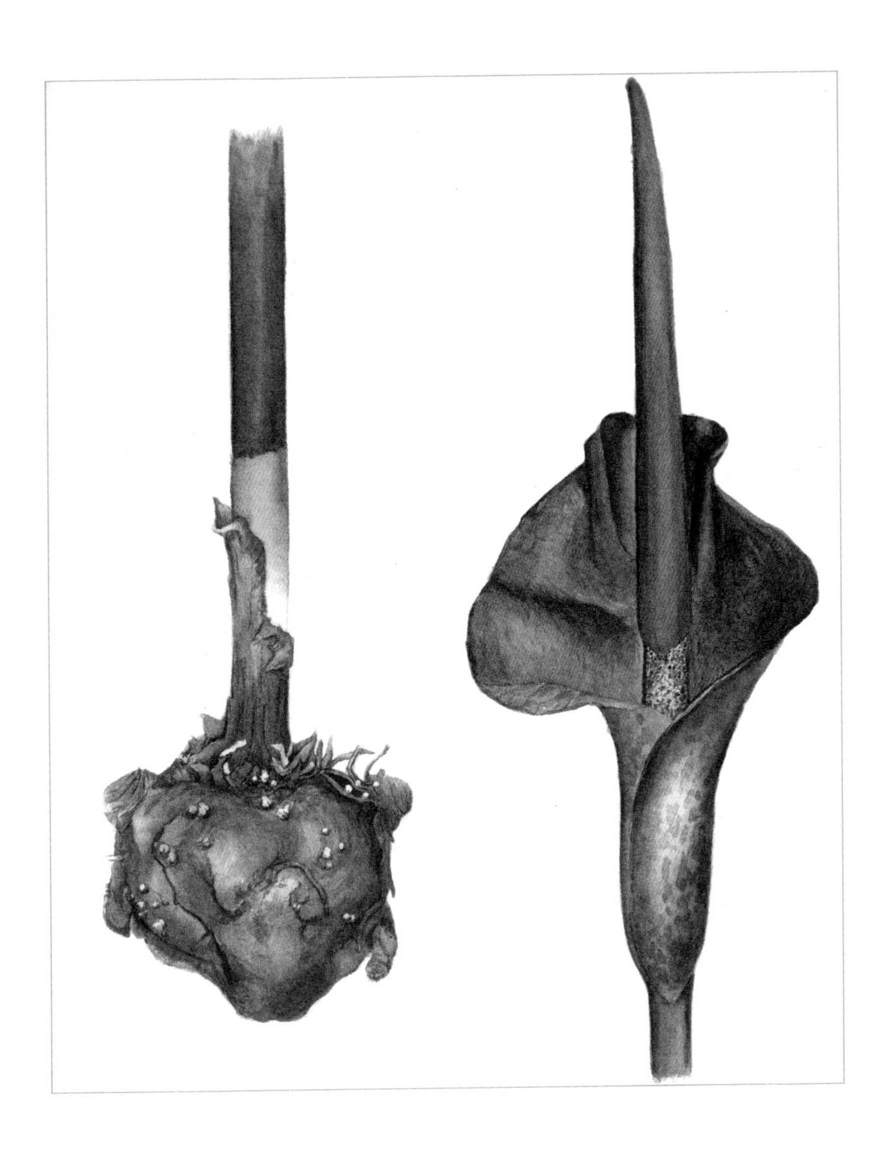

花魔芋 *Amorphophallus konjac* K. Koch（戴越绘图）

生产糖的植物——甘蔗

甘蔗是禾本科甘蔗属的一年生或多年生宿根草本经济作物，是全世界主要的糖源植物，原产于热带和亚热带地区。全世界出产甘蔗的国家有 100 多个，排名前三的甘蔗生产国是巴西、印度和中国。我国甘蔗种植集中在广西、云南、广东和海南 4 个省（自治区），种植面积占全国总种植面积的比例超过 90%；其中，广西甘蔗的种植面积和产量高居全国第一位，所占比例均超过 60%。我国 90% 以上的食糖为蔗糖，而所吃的这些蔗糖大部分都是由甘蔗制成的。收割的甘蔗茎秆经过压榨提取出蔗汁，再经清洁、蒸发、结晶、分蜜和干燥等工序就可制成白砂糖、红糖等。甘蔗可分为果蔗和糖蔗。果蔗是专供鲜食的甘蔗，具有汁多味美、糖分适中、纤维少、茎脆、口感好以及茎粗、节长等优点。而糖蔗的含糖量较高，主要用于制糖。在制糖过程中产生的蔗渣、糖蜜和滤泥等废料，可进一步加工利用，如作为燃料发电用来造纸和生产饲料等。甘蔗乙醇是一种低碳可再生燃料，可减少超过 50% 的温室气体排放，对大气环境的改善具有十分显著的作用。我国甘蔗乙醇产量约占世界生物燃料乙醇总产量的 40%。

甘蔗除了富含糖分和水分外，还含有对人体新陈代谢非常有益的各种维生素、蛋白质、脂肪、有机酸、钙、铁等物质，以及多酚类物质。中医研究表明，甘蔗性寒、味甘，归肺、胃经，具有清热除烦、润燥生津、和胃下气、润肺止咳等功效，主治热病津伤、心

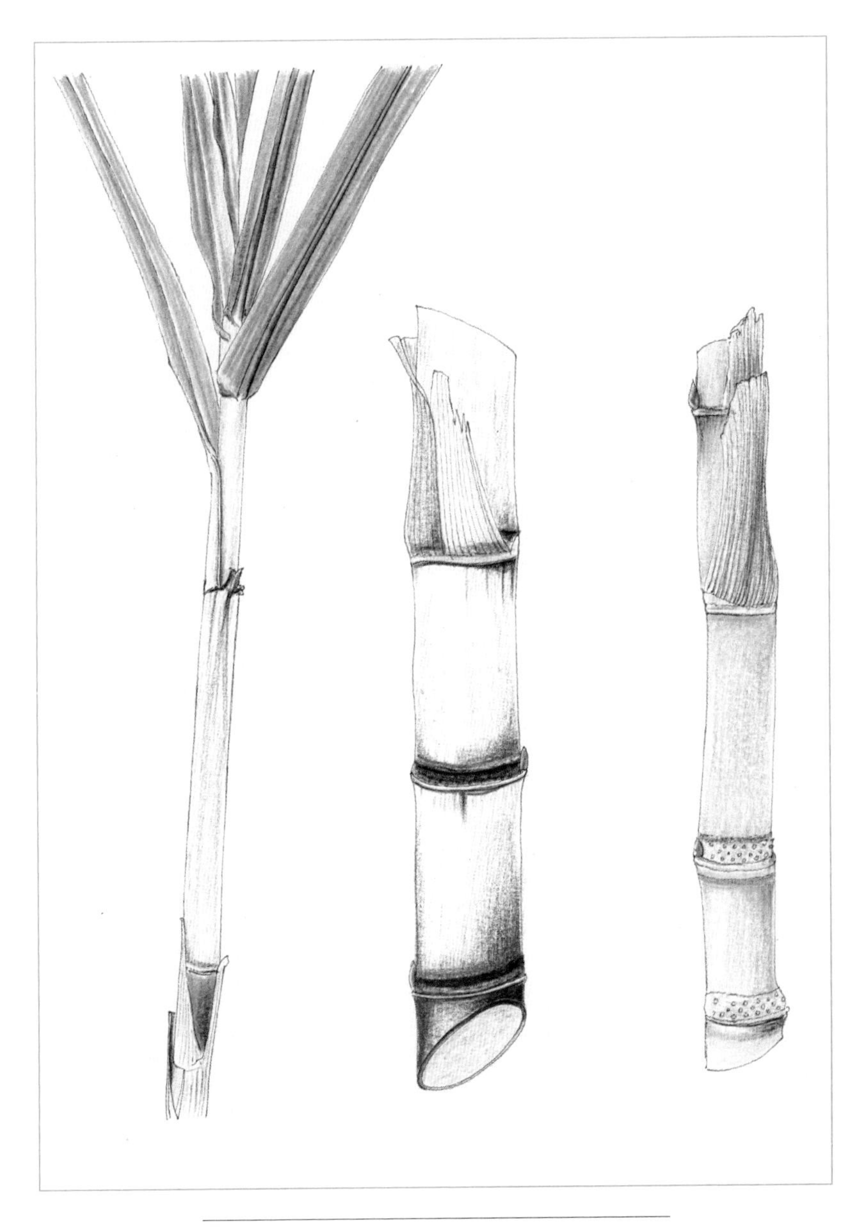

甘蔗 *Saccharum officinarum* L.（孙英宝绘图）

烦口渴、反胃呕吐、肺燥咳嗽、大便秘结等症。西医研究表明，甘蔗含有的多酚类物质，具有促生长、抑菌、抗氧化、抗病毒、抗应激、抗癌细胞增殖、增强免疫力和保肝护肝等活性。

目前，世界各国在甘蔗种植面积相对稳定的情况下，通过遗传改良来选育和推广优良甘蔗新品种是保持甘蔗生产可持续发展的重要科技手段，而选育高产、高糖、抗旱新品种是甘蔗育种的主要目标之一。

被称为"水果蔬菜"的植物——番茄

番茄又叫西红柿、洋柿子、番柿、番李子，是茄科茄属的一年生近蔓性草本植物。番茄起源中心位于南美安第斯山脉，现代栽培番茄的祖先是醋栗番茄。它于16世纪从原产地传入欧洲，17世纪传入亚洲，18世纪传入北美洲，作为一种世界性蔬菜广泛分布于南纬45度至北纬65度。我国是世界上番茄栽培面积最大、生产总量最多的国家，主要产地集中在山东、河南、河北和新疆等地。

番茄含有糖、有机酸、番茄红素及维生素A、C、E等营养成分，对人体健康具有重要作用。番茄中维生素C的含量是蔬菜中最高的，与很多水果不相上下，被称为"水果蔬菜"。经常食用番茄对强身健体、防病治病有一定作用。在番茄的营养成分中，最受大家欢迎的应该是番茄红素。据统计，人类日常生活中85%的番茄红素摄取量来自番茄和各类番茄制品。番茄红素是类胡萝卜素的一种，是具有营养和着色作用的功能性天然色素。番茄红素在人体内不能合成，只能通过食物获取，是目前自然界中已发现的抗氧化能力最强的类胡萝卜素，具有极高的开发价值。番茄红素具有抗氧化、降血脂、抗癌、提高机体免疫力的生物学功能，可作为食品添加剂或保健食品。

长期以来，番茄育种主要关注产量、果实大小、硬度、抗病能力等方面，没有重视番茄风味品质，导致了市场上番茄风味品质的下降。因此，培育高品质的高糖、大果、耐储藏番茄是未来番茄育种的重要方向之一。

番茄 *Solanum lycopersicum* L.（戴越绘图）

海水中生长的蔬菜——海带

海带是海带科平海带属一种药食同源的海生褐藻，有“海中蔬菜”的美誉。海带生长于水温较低的海域，主要分布于我国北部沿海及朝鲜、日本和俄罗斯太平洋地区沿海。我国1927年正式引入人工海带栽培技术，1952年开始采用浮筏式栽培方法进行商业化栽培。

海带营养价值丰富，含有蛋白质、氨基酸、纤维素、维生素、不饱和脂肪酸和碘、铁、锌等60多种营养成分。海带中碘含量丰富，80%是可被人体直接吸收利用的有机活性碘，经常食用海带有促进智力发育、预防和治疗甲状腺肿的功效。海带含有的生物活性物质——海带多糖，包括褐藻胶、褐藻糖胶和褐藻淀粉，在抗氧化、调节血糖血脂代谢、调节动脉粥样硬化、抗肿瘤、调节免疫、抗疲劳、抗皮肤光老化及益生元作用等方面都发挥着独特的作用，在研发新型功能性保健食品方面也有良好的应用前景，如海带多糖饮品、食品级保鲜涂膜及海带多糖饼干等。海带酶解产物中亮氨酸、丙氨酸、天冬氨酸、甘氨酸、谷氨酸含量较为丰富，经浓缩后鲜味较为浓郁，口感优于味精。在此基础上，适量添加干贝素、酵母抽提物、水解蛋白等鲜味物质，可以达到较为理想的风味契合效果。根据终端产品的不同需要，加入香辛料、食用香精等风味物质进行风味强化，并辅以食盐、酱油、食醋、蚝油等原料，可加工成不同风味类型的系列海带营养调味料。

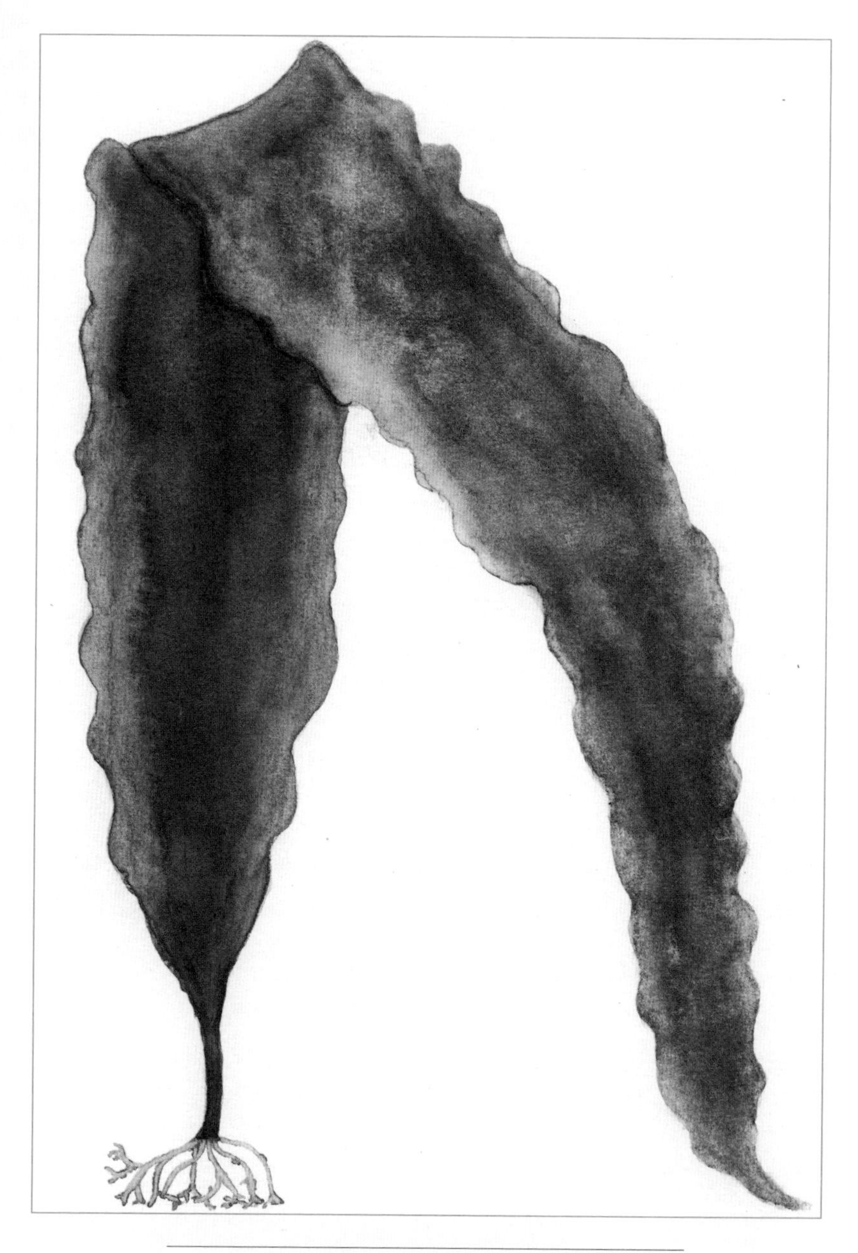

海带 *Laminaria japonica* Areschoug（戴越绘图）

海带作为我国重要的经济海藻，其养殖业已形成了完整的技术链条和产业链条。目前，我国的海带产量位居世界前列，然而生产方式仍主要以初级加工为主，附加值低，造成了海带资源的严重浪费。因此，基于海带功能性成分进行高附加值产品开发已成为提升我国海带产业迈向高端产业的重要途径之一。

香料中的特效药——胡椒

胡椒是胡椒科胡椒属的多年生常绿藤本植物，原产于印度，是世界上重要的香辛料作物，是人们喜爱的调味品，素有“香料之王”的美誉，在医药工业和食品工业都有广泛用途，自 1947 年引入我国，种植面积超过 3 万公顷，年总产量超过 3 万吨。胡椒在我国主要分布在广东、广西、云南、海南和台湾等地。海南是我国最大的胡椒生产区，占全国胡椒产量的 90% 以上。胡椒按不同加工方式可分为黑胡椒、白胡椒和青胡椒。黑胡椒由胡椒果不脱皮直接干燥而成，我国原卫生部在 2002 年将其列入《既是食品又是药品的物品名单》；白胡椒由胡椒鲜果脱皮干燥而成；青胡椒是采用七八成熟的胡椒鲜果经过预处理后干燥而成。

胡椒为什么具有辛辣味和香味呢？秘密就在于其含有多种活性成分，包括胡椒碱、挥发油、有机酸、木脂素、酚类及微量元素等，其中，胡椒碱与挥发油是其最主要的活性成分。胡椒碱是胡椒辛辣味的主要来源，同时存在于果皮和种子中。挥发油则通过外果皮排放出来，如蒎烯、桧烯、苯烯、石竹烯与芳樟醇等，使胡椒具有独特的香味。白胡椒因为去掉了果皮，所以它的辛辣和香味都比黑胡椒要淡。由于胡椒含有上述多种生物活性成分，使其具有抑菌、抗氧化、抗肿瘤、抗炎、抗抑郁、影响胆汁分泌、保肝、缓解心脑血管疾病、促进黑素细胞增殖等保健作用，有较好的临床应用价值和研发潜力。胡椒的近成熟或成熟干燥果实被 2015 年版《中

胡椒 *Piper nigrum* L.（戴越绘图）

华人民共和国药典》收载，具有温中散寒、下气、消痰的功效，临床用于治疗胃寒呕吐、腹痛泄泻、食欲不振、癫痫痰多。

胡椒属植物约 2000 种，我国有 60 多种，其中，约 30 种作为药用，具有除湿、止痛、活血等功效。但由于自然生境被破坏、气候变化、过度开发和偏重于对一些种类的开发利用，许多野生种和原始种正在迅速消失，亟须得到有效保护。

给人带来辣爽感觉的植物——辣椒

辣椒是茄科辣椒属的一年生或者有限多年生的草本植物，共有5个栽培种，即一年生辣椒、浆果辣椒、中华辣椒、灌木状辣椒和茸毛辣椒，是全世界范围内栽培古老而广泛的蔬菜作物之一。

辣椒原产于南美洲中部热带地区，明朝末期传入我国，至今已有300多年的栽培历史，在我国各地广泛种植。辣椒可食部位为果实。成熟后的果实为红色或橙黄色，味辛香、性温热，是重要的蔬菜和调味品，具有很高的营养和保健功能。辣椒果实、根和茎皆可入药，具有健胃消食、活血消肿的功效。

辣椒为什么会带来“辣”和“爽”的感觉呢？这主要归功于辣椒合成的辣椒碱类物质，主要包括辣椒素、二氢辣椒素、降二氢辣椒素、高辣素等30多种化合物。辣椒碱类物质特有的刺激性有助于辣椒植株抵御哺乳动物和病原体对其果实及种子的危害。在已得到鉴定的辣椒碱类物质中，辣椒素是最常见、最丰富的，也是辣味的主要决定因子。迄今为止，世界上最辣的辣椒是中华辣椒，如2007年中华辣椒品种之一的‘印度魔鬼辣椒’获得吉尼斯世界纪录，辣度达1001304史高维尔单位。研究表明，辣椒碱类物质具有抗癌、镇痛、保护心血管、健胃、降糖、止瘙痒、抗菌、抗氧化、神经保护、减肥等功效。

成熟的辣椒果实中还含有 α–胡萝卜素、β–胡萝卜素、玉米黄质、叶黄素、隐黄质、辣椒红素及辣椒玉红素等多种类胡萝卜

辣椒 *Capsicum annuum* L.（戴越绘图）

素。在辣椒果实中积累的类胡萝卜素成分和含量不同，导致辣椒果实不同颜色的形成。辣椒果实含有的类胡萝卜素也有重要保健及经济价值。类胡萝卜素可作为膳食为人类提供维生素 A 原，还可作为抗氧化剂降低癌症和心血管疾病的风险以及黄斑病变风险。成熟红色辣椒果实中所含的辣椒红素和辣椒玉红素可作为食品添加剂和增色剂。此外，辣椒果实还富含维生素 C、维生素 E、糖、有机酸、膳食纤维以及钙、铁、磷、钾、镁等多种营养成分。

我国辣椒播种面积和产量居世界首位，为农民增收和乡村产业发展作出了巨大贡献。然而，我国辣椒生产中特别是北方长季节保护地生产中，国外品种占据了 80% 以上的面积。国外品种给我国民族辣椒种业带来了严峻挑战，需要建立高效育种体系，并继续加强保护地品种选育。

给汽车供能的植物——甜高粱

随着新能源汽车的发展，可再生生物质能源作为清洁燃料也加入汽车燃料的大军中。甜高粱就是酿制清洁燃料乙醇的重要原料之一。不同于汽油燃烧会产生很多有害的气体，乙醇燃烧后只产生二氧化碳和水，是环境友好型新能源，对环境保护十分有益。

甜高粱隶属于禾本科高粱属甜高粱种下面的一个栽培群，学名为 *Sorghum bicolor* Dochna Group，此栽培群起源于非洲，进化过程十分复杂。甜高粱的精华在于茎秆富含糖分，可用于制糖、酿酒、制造燃料乙醇、造纸和制作高能饲料等；榨汁后的甜高粱渣可以作食用菌的栽培原料，酿酒后的酒糟可以用来喂奶牛，增加鲜奶产量；甜高粱茎秆中的糖还能用来制取味精。

甜高粱之所以能用作能源植物，在于其生物学产量高且乙醇转化效率高。甜高粱属于 C4 作物，二氧化碳光补偿点接近于零，光饱和点很高，光呼吸也较低，因而光合效率极高。甜高粱一般亩[①]产 150~200 千克籽粒和 4.5~5.5 吨秸秆（其汁液含糖量在 12%~18%），可生产燃料乙醇 350 千克左右。甜高粱茎秆中主要含有果糖和葡萄糖，为单糖型，易于转化成乙醇，转化率高达 45%~48%。此外，甜高粱起源于干旱、炎热、土壤贫瘠的非洲大陆，恶劣的生态条件使其具有很强的抗逆境能力。在干旱、半干旱地区，低洼易涝和盐碱地区，土壤贫瘠的山区和半山区均可种植甜

① 1 亩 =1/15 公顷，下同。

甜高粱 *Sorghum bicolor* Dochna Group（孙英宝绘图）

高粱，其被称为“作物中的骆驼”，可以达到不与粮争地的目的。

世界能源危机、全球生态环境日益恶化以及2060年前实现“碳中和”迫切需求人们开发可再生能源。发展生物质能源的瓶颈之一是生物质原料不足。甜高粱的生物学产量和含糖量极高，同时兼具耐旱、耐涝、耐贫瘠和耐盐碱等优良特性，被认为是最具开发潜力的能源植物之一。我国是研究甜高粱作为燃料乙醇原料较早的国家之一，曾进行了为期10年的大田试验。随着生物技术的不断发展，我国利用基因技术改良了很多甜高粱品种，使我国拥有了很多产量高、含糖量高的品种。大力发展甜高粱产业，不仅可以增加农民收入，为企业带来收益，还可以为国家带来更长远的社会效益和经济效益。

能退烧的树——金鸡纳树

在人类历史上，有一种植物曾拯救了无数人的生命，得到医学家的广泛推崇，它的名字叫金鸡纳树，又名奎宁树，是茜草科金鸡纳属的常绿乔木或者灌木，以其根、茎、枝的皮部入药，是治疗恶性疟疾的特效药，又是常用的解热药。金鸡纳树原产于南美洲安第斯山脉，适宜生长在热带和亚热带海拔800~3000米的山地，亚洲南部和东南部、大洋洲、非洲等地有引种。

新大陆发现之前，美洲印第安人已发现金鸡纳树皮能治疗疟疾，并用金鸡纳树皮进行退烧解热治病。疟疾是一种经蚊子叮咬而感染疟原虫所引起的急性传染病。感染者以间歇性发高烧为主要病征，严重时危及生命。金鸡纳树皮能够成为疟疾克星的秘密在于其体内的生物碱。科学家从金鸡纳树的干皮、枝皮、根皮及种子中发现了30~40种生物碱，总称为金鸡纳生物碱，其中，含量最多且最重要的为奎宁。奎宁，俗称金鸡纳霜，通过与疟原虫的脱氧核糖核酸（DNA）结合形成复合物从而抑制疟原虫的遗传和繁衍。同时，奎宁能降低疟原虫氧耗量，干扰其糖代谢，从而抑制其生理活动。

据说，西班牙驻秘鲁总督钦琮伯爵的夫人不幸染上疟疾，高烧不退，后来喝下了混有金鸡纳树皮粉的葡萄酒，病情很快好转并最后完全康复。随后，伯爵夫人带着许多树皮回到了西班牙，并且用这些树皮给发烧的病人治病，此种树皮因此名声大震。后来，瑞典大植物学家林奈为了纪念伯爵夫人，在1753年出版的《植物种志》

黄金鸡纳 *Cinchona calisaya* Wedd.（孙英宝绘图）

中就以她的姓氏为该树种命名，由于人们把钦琮的名字传给林奈时将“Chinchon”错写成“Cinchona”，中文音译时便译成了“金鸡纳”。不过，近年的研究证明此说不实，医学史家一致认为最早认识金鸡纳树皮药用价值的欧洲人是天主教男修会的耶稣会士。

17 世纪 20 年代，在美洲的欧洲人知道了金鸡纳树可以治疗疟疾，于 17 世纪 30 年代把金鸡纳树皮作为药材传入欧洲。在罗马教皇、天主教会和耶稣会士的支持和倡导下，服用金鸡纳树皮治疟疾有特效这个事实渐渐瓦解了守旧势力的抵制和各种偏见，传播开来。欧洲各国开始向南美洲派遣科学考察队（组）去寻找、认识、考察、调查金鸡纳树林。随着金鸡纳树皮的需求量大增，原本生长在南美洲森林中的野生金鸡纳树资源开始萎缩。欧洲人遂开始大规模引种栽培。其栽培地是南亚和东南亚的热带和亚热带地区的林场和种植园。历经各种磨难和挫折，欧洲人的移植引种行动一步步取得成功。作为药材的金鸡纳大约于 17 世纪中叶传入我国。清朝康熙皇帝用传教士进献的金鸡纳治愈疟疾，是基督教在华传播史和中国医学史上的一个重要事件。1693 年，康熙皇帝突发高热，痛苦异常，御医医治无效。来自法国的传教士洪若翰、刘应向宫廷进献了金鸡纳树皮。大臣试药后，康熙服用金鸡纳并痊愈。康熙称金鸡纳树皮为“神药”，并重赏传教士。据考证，广东为我国大陆最早引种金鸡纳树的省份，时间在 1929 年。民国期间，广东金鸡纳树引种主要以政府为主导，呈现多次、多路径、多品种、多形式引种的复杂情形，最终虽取得育苗成功，却因资金、战争、技术、人事等因素的影响，始终未实现规模化种植。

随着化学时代的到来，药物学和化学家们试图提取出金鸡纳树的有效成分。1811 年，葡萄牙伯纳迪诺 · A · 戈麦斯最先从金鸡纳树中成功分离出一种生物碱，命名“辛可宁”，后以金鸡纳素闻名。1820 年，法国化学家约瑟夫 · 佩尔蒂埃和约瑟 · 比内梅 · 卡方杜从金鸡纳树皮中分离出奎宁和其他生物碱，开启了以化学合成方法制成药物的时代。奎宁在第二次世界大战期间为治疗盟军疟疾病人发挥了重要作用。然而，随着疟原虫耐药性增大，这些抗疟药物的效能越来越低，直到青蒿素的出现，这种状况才得到有效改变。

被称作"植物黄金"的树——杜仲

有一种珍贵的药用植物为我国独有，它的树皮用途广、价值高，被称作"植物黄金"，这就是杜仲。杜仲是杜仲科杜仲属的多年生落叶乔木，是我国特有的单属科单种属植物，在研究被子植物系统演化上有重要的科学价值。同时它也是《中国植物红皮书》中收录的濒危植物，评估等级为易危（VU），致危因子为直接采挖或砍伐、生境退化或破碎。杜仲适应性强，在我国生长范围较广，多垂直分布在海拔200~1500米地区。人工栽培的杜仲较常见，主要分布在湖北、湖南、江西、安徽、河南等27个省份，种植面积达600万亩。

杜仲干燥树皮和叶均为《中华人民共和国药典》收载药材。《神农本草经》将其列为上品，性温，味甘，归肝、肾经，具有补肝肾、强筋骨和安胎的功效，主治肝肾不足、腰膝酸痛、筋骨无力、头晕目眩、妊娠漏血、胎动不安等。现代研究显示，杜仲不同部位（皮、叶、花、种子等）包含多种化学成分，包括黄酮类、木脂素类、环烯醚萜类、苯丙素类、甾萜类、多糖类等，目前共分离得到205种化合物，其药理作用主要有降压、降血糖、调节血脂、补肾、防治骨质疏松症、安胎、护肝、抗炎、抗氧化、抗肿瘤、防治帕金森病等。

杜仲也是我国十分重要的战略资源植物，既是世界上极具发展潜力的优质杜仲胶资源，又是木本油料树种，广泛应用于军工、医

杜仲 *Eucommia ulmoides* Oliv.（孙英宝绘图）

疗、农林牧等领域。经过我国科技工作者数十年的不懈努力，已定向选育出果用、雄花用、叶用和果材药兼用系列的杜仲良种，为我国杜仲产业高质量发展奠定了坚实基础。

百草之王——人参

人参是五加科人参属的多年生草本植物，被誉为“百草之王”。由于它的根部肥大，形若纺锤，常有分叉，全貌颇似人形，故称为人参。人参主产于我国东北及朝鲜、韩国、日本和俄罗斯远东地区。据考证，我国是世界上栽培人参最早的国家，有400余年的种植历史。

人参始见于《神农本草经》，“主补五脏，安精神，定魂魄，止惊悸，除邪气，明目，开心益智，久服轻身延年”。2015版《中华人民共和国药典》将栽培在大田里的人参称为园参，而播种在山林中野生状态下自然生长的人参称为林下山参。人参含有皂苷、多糖、挥发油、微量元素、有机酸、蛋白质等多种化学成分。研究发现，人参作用于神经系统、免疫系统、心脑血管系统及内分泌系统的主要活性成分是人参皂苷。目前，已从人参属植物中分离得到150多种人参皂苷，根据苷元结构的不同，主要分为3类：人参二醇型皂苷-A型、人参三醇型皂苷-B型及齐墩果烷型-C型，前两类皂苷在人参皂苷中占大多数，是其中的主要活性成分。人参皂苷具有较强的抗肿瘤、益智、免疫调节、舒张血管、抗肾肺损伤、抗炎等多种活性。此外，人参多糖类含量约为5%，具有防辐射、抗肿瘤、降血糖、抗氧化、抗疲劳、免疫调节、抗骨关节炎等药理作用。挥发油成分含量为0.1%~0.5%，主要是倍半萜类物质，具有抑菌、抗肿瘤、抗心肌缺血损伤等作用。近年来，随着市场需求增

人参 *Panax ginseng* C. A. Mey.（戴越绘图）

大，野生人参遭到过度开采，加之生境遭破坏，其数量锐减［已被列为国家二级重点保护野生植物，世界自然保护联盟（IUCN）评估等级为极危（CR）］，而人工栽培人参的品质下降及品种混杂问题日益突出。为合理、有效开发利用人参种质资源，促进人参产业可持续发展，需大力开展分子辅助育种研究，以弥补传统育种方法的不足，提高新品种选育效率。

高原上的仙草——红景天

红景天是一味中药，是源于景天科红景天属的多年生宿根植物，入药部位是根和茎，其性平，味甘、苦，归肺、心经，具有益气活血、通脉平喘等功效，常用于气虚血瘀、胸痹心痛、中风偏瘫、倦怠气喘的治疗。红景天是藏医临床常用药材，藏语称为“苏罗玛保”，有“高原人参”“东方神草”“雪山仙草”等美称，是预防高原反应的良药。全世界有红景天属植物110多种，分布于东亚、中亚、西伯利亚以及北美等高寒地区；我国有90余种，分布于东北、华北、西北及西南地区，尤以川、滇、藏地区种类最多，其中，部分种是我国传统的珍稀药食同源植物。2015版《中华人民共和国药典》收录大花红景天作为其基源药材。

红景天属植物的提取物含有多种化学成分，具有广泛的药理作用。已有研究表明，红景天属植物中含有200余种化合物，其主要有效成分是红景天苷、酪醇、草质素苷、红景天素、肉桂醇甙、二苯基甲基六氢吡啶等；红景天属不同种之间化合物的种类和含量存在一定差异。红景天及其活性单体（以红景天苷为主）具有抗疲劳、抗抑郁、增强免疫力、清除活性氧自由基、抗肿瘤等药理活性，常用于治疗高原反应，具有改善心肌损伤、保护心肌细胞的作用；也能治疗阿尔茨海默病、帕金森病、重度抑郁症、创伤性颅脑损伤及缺血性脑损伤等神经系统疾病；还能治疗肺动脉高压、肺组织纤维化、慢性阻塞性肺疾病等呼吸系统疾病。红景天多糖是从红

大花红景天 *Rhodiola crenulata* (Hook. f. et Thoms.) H. Ohba（戴越绘图）

景天的根茎中提取出来的一种杂多糖，具有抗氧化、降血糖、抗病毒、抗衰老、调节免疫力等药理学作用。红景天中含有多种微量元素、氨基酸和维生素等有效成分，使红景天具有延缓机体衰老、抗缺氧、抗疲劳等显著功效。红景天还含有少量挥发油，香味独特，某些成分具有生物活性，如香叶醇，具有典雅的玫瑰花香味且有抗肿瘤、抗菌、抗氧化、平喘的功效。

因红景天属植物多生长在高山苔原及山坡林地等恶劣且多变的环境条件下，呈片状分布，加之人为的无限制采集，导致其野生资源数量急剧下降，部分种一度成为濒危植物。加大种质资源收集与驯化、良种繁育及其相应的耕作与栽培配套技术研发，将对红景天属野生植物资源的保护以及乡村振兴具有重要意义。

植物界的活化石——银杏

银杏又名白果树、公孙树、鸭掌树，是银杏科银杏属的多年生木本植物，也是单科单属的单种植物，属于距今2亿多年前的中生代侏罗纪出现的裸子植物，也是第四纪冰川之后仅在我国幸存的当今世界上最古老的树种，对研究裸子植物系统发育、古植物区系、古地理及第四纪冰川气候有重要价值，被称为植物活化石。银杏为国家一级重点保护野生植物，IUCN评估等级为极危（CR）。

银杏在我国主要分布于浙江、湖北、山东、江苏、河北、河南、广西、云南、贵州和四川等地，数量占世界总量的70%以上。目前世界上只有我国浙江天目山、四川和湖北交界的神农架地区以及河南和安徽邻近的大别山，尚残存少量呈野生或半野生状态的银杏。银杏叶、果实、花粉、种皮、种仁、果梗、根等部位均有不同程度的药用价值，是传统的活血化瘀中药。2015年版《中华人民共和国药典》收载银杏叶，其味甘、苦、涩，性平，具有“活血化瘀、通络止痛、敛肺平喘、化浊降脂”之功；收载白果（银杏干燥成熟种子），其味甘、苦、涩、平，具有“敛肺定喘、止带缩尿”之效。此外，银杏还可开发成食品、保健品、化妆品、生物农药，以及原料药的替代品等。

研究发现，银杏中含有多种具有神经保护、抗肿瘤、抗病毒、抗菌、抗炎活性的化学成分。银杏叶片包含的化合物主要有黄酮类化合物（黄酮、二氢黄酮、双黄酮、黄烷醇及其苷类）、银杏萜内

银杏 *Ginkgo biloba* L.（戴越绘图）

酯［二萜内酯（A、B、L、K、L、N）、倍半萜内酯（BD）］、聚戊烯醇类化合物（多属于桦木聚戊烯乙酸酯类化合物）和酚酸类化合物（原儿茶酸、p-羟基苯酸、香草酸、咖啡酸、p-香豆酸、阿魏酸、绿原酸等）；银杏外种皮包含的化合物主要有黄酮类化合物（目前仅分离到双黄酮类成分）、银杏萜内酯［二萜内酯（A、B、C）］和酚酸类化合物（白果酸、氢化白果酸、氢化白果亚酸、白果酚、白果二酚、漆树酸、原儿茶酸等）；银杏根包含的化合物主要有黄酮类化合物（槲皮素苷）和银杏萜内酯［二萜内酯（A、B、C、M）和倍半萜内酯（BN）］。银杏萜内酯类化合物具有保护神经系统、抗缺血损伤、抗休克以及抑制凝血作用，都与其抗血小板活化因子（PAF）作用有密切的关系；黄酮类化合物具有的保护神经系统、提高免疫力、改善血液循环、防治血管疾病、抗癌、抗衰老等作用与其抗氧化、清除自由基有直接的关系；聚戊烯醇类化合物具有抗病毒、抗肿瘤、提高免疫力的作用，对老年痴呆也有一定的疗效；酚酸类化合物具有抗肿瘤、抗炎、防治病虫害、抗过敏和抑菌等功效。然而，有研究显示，银杏酚酸会引起严重不良反应，具有较强的致敏性、免疫毒性和致突变细胞毒性。此外，银杏还含有抗肿瘤和免疫调节作用的多糖类成分，以及淀粉、蛋白质、脂类、氨基酸、微量元素等丰富的营养成分。

银杏具有巨大的经济、生态、社会、文化、科研价值，对银杏种质资源的全面挖掘与利用应引起足够重视，要加强对我国银杏资源的收集，尽快建立银杏种质资源库以便更好地发挥资源优势。

抗疟疾植物——黄花蒿

黄花蒿又叫臭蒿、草蒿、草蒿子、草青蒿、臭黄蒿，是菊科蒿属一年生的草本植物，干燥的地上部分入药，广泛分布于北美洲、欧洲、非洲和亚洲，其中70%集中分布在我国。黄花蒿为传统抗疟中药，性寒，味苦、辛，有清热解毒、除蒸截疟的功效，用于治疗暑邪发热、阴虚发热、夜热早凉、骨蒸劳热、疟疾寒热、湿热黄疸等症，外用治蚊虫咬伤、疮肿、烫伤等。黄花蒿还具有抗氧化、提高免疫力、杀菌和抗病毒等功效，可作为畜牧业饲料添加剂应用。

黄花蒿的化学成分主要有倍半萜类（主要为青蒿素类化合物，包括青蒿酸、青蒿醇、青蒿醚类和青蒿酯类）、黄酮类、香豆素类和挥发油类等物质，其中，倍半萜类和甲氧基黄酮类成分较为丰富。20世纪70年代，我国学者从黄花蒿中分离得到青蒿素，这一发现突破了“抗疟药必须具有含氮杂环”的理论禁区，与以往的抗疟药相比，它更为高效、快速、低毒、安全，用于治疗恶性脑疟及抗氯喹株疟疾等疾病。另外，黄花蒿所含的甲氧基黄酮类成分对青蒿素的抗疟活性具有一定的促进作用。

从20世纪80年代中期起，科学家对青蒿素的结构进行了研究并加以改造，先后成功合成青蒿素的衍生物：青蒿琥酯、蒿甲醚、双氢青蒿素3个新药，它们的抗疟药效远优于奎宁、氯喹等传统抗疟药。青蒿素是迄今为止唯一被世界卫生组织（WHO）认

黄花蒿 *Artemisia annua* L.（孙英宝绘图）

可的按西药标准开发的中药，被 WHO 指定为“世界上唯一有效的疟疾治疗药物”。中国中医科学院屠呦呦研究员因发现青蒿素而获得 2011 年拉斯克临床医学奖及 2015 年诺贝尔生理学或医学奖。此外，青蒿素及其衍生物还可用于治疗包括血吸虫病在内的其他寄生虫病，同时在抑瘤、抗菌、抗纤维化和神经保护等方面也具有显著的效果。

我国青蒿素产业有着重要的国际影响力，商品化的青蒿素均从我国的黄花蒿植物中提取获得。由于黄花蒿中青蒿素含量低、生产成本非常高，所以能否从根本上解决原料中青蒿素含量低的问题，已经成为制约我国青蒿素天然产物提取行业发展的重要瓶颈。由此可见，选育高青蒿素含量的优良品种至关重要。

亦药亦毒的植物——古柯

古柯是古柯科古柯属的多年生热带常绿灌木，原产于南美洲秘鲁、玻利维亚、哥伦比亚、厄瓜多尔等地。南美洲印第安人很早就有咀嚼古柯叶的传统，因为嚼古柯叶能令人愉悦，还能减轻饥饿感。印第安人还将古柯叶用作饮茶或治疗神经疼痛的止痛药。美洲大陆被发现后，欧洲人于1544年首度将古柯出口到欧洲。19世纪以后，随着科学家从古柯中分离出生物碱，并最终发现可卡因的麻醉作用，古柯的药用价值大增，激起各国的引种热潮。例如：欧洲人将古柯引种到亚洲的印度尼西亚、马来西亚、印度、斯里兰卡等地；日本人也于1911年将古柯引种到我国台湾地区；20世纪30~60年代，我国内地曾多次持续引种古柯，并最终种植成功。

直到19世纪中期，德国科学家菲烈德克·贾德克从古柯叶中提取出古柯碱才揭开古柯树叶的秘密。1855年，奥地利眼科医生卡尔·科勒首次将古柯碱成功用于局部麻醉，为减轻人类痛苦带来巨大帮助。古柯含有许多植物碱，其中含量最高的是可卡因。可卡因是毒品家系中的主要成员，对人的毒性作用直到20世纪初才被人们知晓。吸食可卡因可以使人产生强烈的愉悦感，甚至产生幻觉、情绪激动、失眠、缺乏疲劳感等，极易产生嗜好和成瘾，引起慢性中毒。吸毒者往往精神颓丧、失眠、恶心、食欲不振、消化紊乱、消瘦，最后丧失劳动能力，甚至死亡。

长期以来，人们对可卡因的毒性认识不清，而对其作为药品的

药古柯 *Erythroxylum coca* Lam.（戴越绘图）

神奇效用趋之若鹜，故而在秘鲁和玻利维亚等国，古柯种植业和加工业成为国民经济的支柱产业。然而，可卡因的提纯给人类带来了恶果。在秘鲁和玻利维亚，人们用煤油和其他有机溶剂从古柯叶中提取出纯度不高的可卡因，进而加工成可卡因硫酸软膏，多数销往哥伦比亚。在哥伦比亚，可卡因硫酸软膏被秘密加工成可卡因盐酸盐粉末，其可卡因含量高达 10%~60%，成为危害人类的毒品。这种粉末一旦从鼻孔吸入，几分钟即可到达大脑。20 世纪 80 年代，两种更纯的可卡因在吸毒者中流行，即游离碱型可卡因和可卡因乳胶，吸取后 5~10 秒即可到达大脑。1914 年，美国政府率先将古柯碱列为禁药。1961 年，古柯叶被联合国列入了麻醉品管制清单(《1961 年麻醉品单一公约》)。在传统的古柯叶片咀嚼中，可卡因的作用效果较小。古柯叶片大约仅含 1% 的可卡因，并且含有能够降低可卡因作用的其他几种生物碱和化合物，其作用是温和的。由此可见，危害不在植物本身，而在于人类自己。

植物中的“魔鬼”——罂粟

罂粟是罂粟科罂粟属的一年生草本植物，果壳可入药，性平，有毒。《本草纲目》记载，“（罂粟壳）止泻痢，固脱肛，治遗精，敛肺涩肠，治咳嗽，止心腹、筋骨诸痛。”罂粟已被中医用于治疗咳嗽、腹泻和疼痛，具有强效镇痛作用。

罂粟原产于欧洲南部及亚洲。早在远古的新石器时代，人类的祖先就在地中海沿岸的群山中发现了这种植物。5000 多年前，两河流域的苏美尔人曾虔诚地把罂粟称为“快乐植物”，认为是神灵的赐予。古埃及人也曾把它当作治疗婴儿夜哭症的灵药。公元前 3 世纪，古希腊和古罗马的书籍中就有对罂粟的详细描述。大诗人荷马在《奥德赛》中描述它为“忘忧草”。

罂粟作为药源被人类利用，给人类带来了福音；但它又是当今世界上各种各样的毒品之源。作为毒品，它侵害人类的健康，危害着人类社会文明的发展。罂粟果实内的汁液干后即为鸦片，内含 30 种生物碱，从化学结构上可分为啡类和异喹啉类。前者如吗啡，具有镇痛、消咳、止泻的功效，但常用能成瘾；后者如罂粟碱，可解除血管平滑肌的痉挛，并抑制心肌的兴奋性，用于治疗心绞痛和动脉栓塞等。18~19 世纪，各种鸦片制品在欧洲已成为医治许多疾病的极为常见的药品，被广泛应用。吗啡是从鸦片中分离出来的主要生物碱，它是一种无色或白色结晶粉末，有镇痛及催眠作用，在医学上作为麻醉性镇痛药用于解除胆结石、肾结石等疼痛，在创伤

罂粟 *Papaver somniferum* L.（戴越绘图）

性休克、内出血等情况下用于保护机体避免衰竭。它的最大缺点是易成瘾。1806年，德国化学家F·泽尔蒂纳从鸦片中分离出这种生物碱，并根据希腊神话中睡梦之神“莫弗尤斯”将其命名为“吗啡”（morphine）。吗啡提炼成功，很快就成了医学界重要的口服麻醉剂。1858年，两名美国医生第一次试验使用吗啡进行皮下注射。吗啡及其口服麻醉剂和注射剂的应用，给医学界带来了重大突破，大幅提高了当时的医疗水平。1897年，德国化学家霍夫曼利用吗啡加上双乙酰合成了一种叫作二乙酰吗啡的物质，它的止痛效果是吗啡的4~8倍，对支气管炎、哮喘颇有奇效。德国拜耳化工股份公司认为这种物质可以替代能让人上瘾的止痛药吗啡，于是开始生产这种强度麻醉剂并将它推向市场。德国拜耳化工股份公司认为发明这一物质是“英雄般”的事迹，取名为“海洛因”。但海洛因的副作用远远超过其医疗价值：极易成瘾，应用过量可使呼吸抑制而死亡。原本作为药品的鸦片、吗啡、海洛因又作为毒品，给人类带来了巨大灾难，这大概是它们的发现者所始料不及的。

从“快乐植物”到“魔鬼之花”，是罂粟的不幸，更是人类的悲剧。

能制作麻醉药的植物——颠茄和曼陀罗

颠茄是茄科颠茄属的多年生草本植物，原产于欧洲，20 世纪 30 年代引入我国，目前在浙江、山东、湖南、河南等地均有种植。颠茄植株富含托品烷类或莨菪类抗胆碱能神经传导生物碱，如阿托品、莨菪碱和东莨菪碱。颠茄的根或根茎和叶均可药用，可用于镇静、麻醉、止痛、镇痉、减少腺体分泌、扩大瞳孔等。应该警惕的是，颠茄中的生物碱都有剧毒，即颠茄植株是有毒的。植物学家林奈在给颠茄定名时，以希腊神话中掌握生杀特权的女神“阿托巴”（Atropa）作为其属名，提示颠茄的毒性；而它的种名“贝拉多娜”（belladonna），即“美丽的妇女”，则表达了颠茄对妇女的扩瞳美容效果。据报道，儿童若误食 3 或 4 个颠茄浆果，就会引起口干、恶心、呕吐、兴奋、不宁和幻觉，所以颠茄药用必须在医生的指导和监护下进行。颠茄是莨菪碱及东莨菪碱最主要的商业栽培药源，也是 2015 年版《中华人民共和国药典》收录的托品烷类生物碱药源植物。临床上，东莨菪碱比莨菪碱毒副作用更弱、药效更强、价格更昂贵。颠茄植株中东莨菪碱的含量比莨菪碱低很多，培育高东莨菪碱颠茄一直是行业追求的目标。

曼陀罗属的植物是茄科一年生的草本植物，全世界约有 16 种，多数分布于热带和亚热带地区，少数分布于温带，分布于我国的有曼陀罗、毛曼陀罗、洋金花、木曼陀罗 4 种。曼陀罗全株有毒，在农作物收割时易将曼陀罗种子混入粮食中，一旦被人畜误食，可能

颠茄 *Atropa belladonna* L.（戴越绘图）

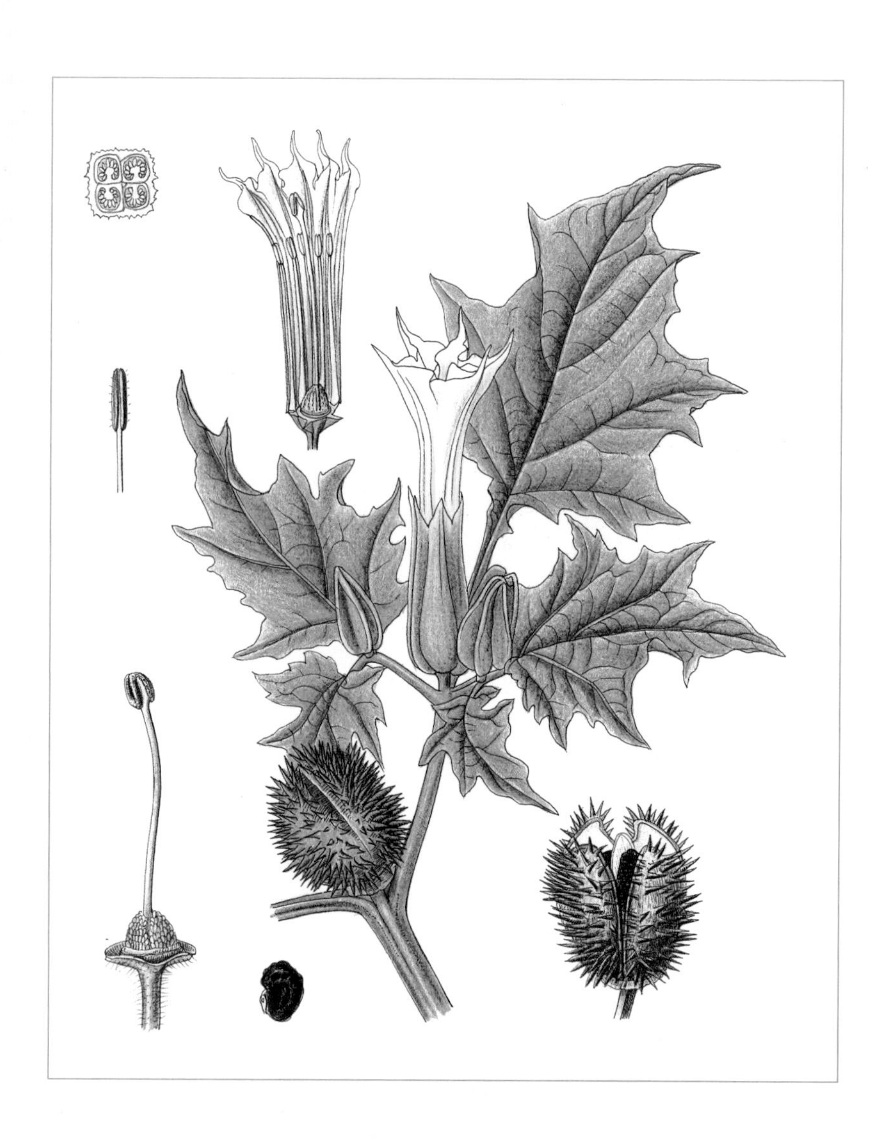

曼陀罗 *Datura stramonium* L.（孙英宝绘图）

会引起中毒，严重者甚至会死亡；适量的曼陀罗有镇静、镇痛、麻醉的功效。曼陀罗的主要活性成分也是莨菪碱、东莨菪碱及阿托品。被称为中国文化史之谜的蒙汗药就是用曼陀罗制成的。以洋金花（曼陀罗花）为主药的静脉复合麻醉法，其主要成分为东莨菪碱。曼陀罗也是提取莨菪碱和东莨菪碱的药用资源植物，由于其药用的相对安全性，具有广阔的开发利用前景。

能治病的“麻烦草”——麻黄

麻黄属是麻黄科的多年生草本或者木本植物，主要分布于亚洲、美洲及欧洲东南部和非洲北部等干旱荒漠地区，全球约有 40 种，我国有 12 种，主要分布于吉林、辽宁、内蒙古等省份，生长在沙丘、干草原、丘陵山地、荒滩等干燥地区。麻黄为著名的中药材，其主要功效是发汗散寒、利水消肿、宣肺平喘。2015 年版《中华人民共和国药典》中，收载的麻黄药材不是特指某一种植物，而是麻黄属的 3 种植物，即草麻黄、中麻黄和木贼麻黄的干燥草质茎。值得注意的是，麻黄属植物的不同药用部位药理作用不同，“发汗用茎，止汗用根，一朝弄错，就会死人”，所以被称为“麻烦草”。

“麻烦草”为什么能治病呢？研究发现麻黄中的生物碱是其主要活性成分，其中含量最高的为 3 对立体异构的苯丙胺类生物碱，即左旋麻黄碱和右旋伪麻黄碱、左旋去甲基麻黄碱和右旋去甲基伪麻黄碱、左旋甲基麻黄碱和右旋甲基伪麻黄碱。其中，左旋麻黄碱的含量最高。麻黄碱和伪麻黄碱有缓解支气管平滑肌痉挛的功效，可用于治疗哮喘等；麻黄碱具有兴奋心脏、收缩血管、升高血压、兴奋中枢神经的作用，伪麻黄碱有较强利尿作用。此外，麻黄中还含有黄酮类、挥发油、有机酸、氨基酸、多糖和鞣质等多种成分，具有抗氧化、免疫调节、降血糖、发汗等药理活性。尽管麻黄的应用范围很广，但也存在不良反应，在联合用药的过程中应引起注意。

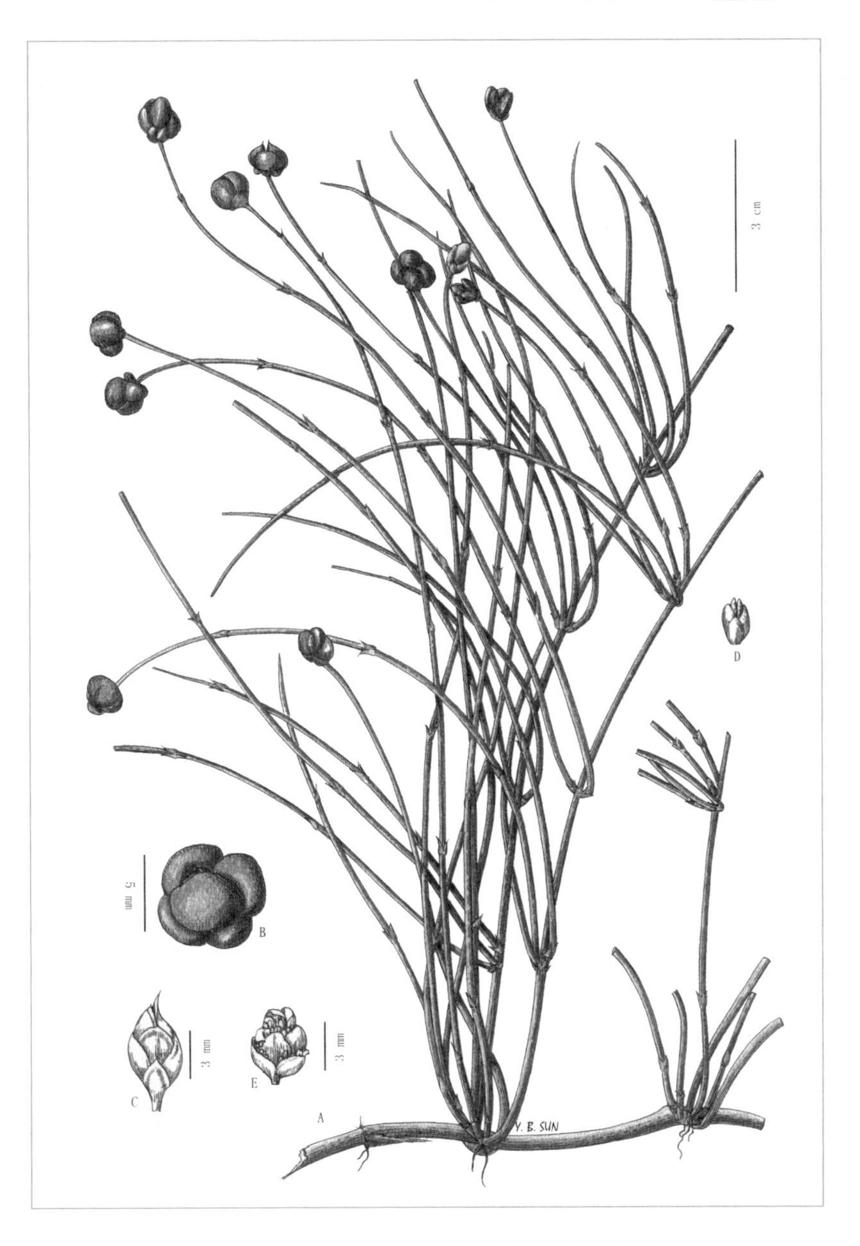

草麻黄 *Ephedra sinica* Stapf（孙英宝绘图）

在3种麻黄属植物中，草麻黄生物碱含量最高，木质茎少，易于加工提炼，容易采收，是提制麻黄碱的主要植物。目前，生产麻黄生物碱已经成为我国出口创汇的一个重要手段。市场上很多感冒药均含有麻黄碱成分，如常见的新康泰克、力克舒等。这些感冒药中含有的血管收缩的成分就是伪麻黄碱及麻黄碱等。血管收缩成分可对呼吸道上皮黏膜中的血管产生收缩作用，因此可以有效缓解鼻塞及咽喉黏膜充血症状。

现代医药中，麻黄碱还有一个大“麻烦”——麻黄碱作为生产新型高成瘾性兴奋剂甲基苯丙胺（“冰毒”）的主要原料而备受不法分子的青睐。许多国家都对含麻黄碱的药品进行了销售限制和监管。但是大家没必要感到恐慌，只要安全和合法用药，麻黄碱只是起到积极的治疗作用，与毒品导致的成瘾性没有任何关联。

苦口的良药——黄连

黄连属是毛茛科的多年生草本植物，在全世界约有 18 种，主要分布在北温带的东亚和北美洲寒带。我国有 9 个种 2 个变种，分布于西南、中南、华东和台湾。2015 年版《中华人民共和国药典》规定的黄连为黄连属植物，包括黄连（味连）、三角叶黄连（雅连）和云南黄连（云连）的干燥根茎。黄连主产于重庆、四川、湖北、云南等地。除药典规定的 3 种以外，黄连属其他药用植物也被各地作黄连使用，但由于这些多为野生种且资源匮乏，进而消失于市场，如国家二级重点保护野生植物同时也是濒危植物的短萼黄连[IUCN 评估等级是濒危（EN）]、峨眉黄连[IUCN 评估等级是濒危（EN）]、五裂黄连[IUCN 评估等级是极危（CR）]等。黄连最早载于《神农本草经》，并被列为上品。黄连以根茎入药，味极苦、性寒，具有清热燥湿、泻火解毒的功效，常用于治疗泄泻痢疾、消渴、痈疮肿毒等。《本草纲目》记载“其根连珠而色黄，故名。”

目前已从黄连中分离鉴定出百余种化合物，按结构分为生物碱类、木脂素类、黄酮类、苯丙酸及其衍生物类和其他化合物。其中，生物碱类化合物是黄连的最主要药效成分。药典规定黄连碱、小檗碱、表小檗碱、巴马汀作为黄连的指标性成分。其中，小檗碱（又称黄连素），是黄连中最具代表性且含量最高的一种异喹啉类生物碱，同时也是治疗肠道感染及腹泻的老药，在我国拥有悠久的药用历史。小檗碱具有抗菌、抗病毒、抗炎等药理作用，还在降血

黄连 *Coptis chinensis* Franch.（戴越绘图）

糖、降血脂、抗肿瘤、保护心脑血管以及保护神经等方面发挥着重要的作用。

目前，分布在我国的野生黄连几乎都处于濒危状态，药典规定的黄连正品中，味连已有栽培规模，而雅连还处于保护与恢复阶段，云连种植面积和产量都很低。黄连作为上等药材，亟须广泛关注，提高保护意识并采取相应的保护措施。黄连作为我国使用历史悠久的中药，具有丰富的临床应用基础。对于传统中药，我们应加以传承，并运用现代科学技术手段不断发展创新。

国宝级的抗癌植物——红豆杉

红豆杉属是红豆杉科多年生常绿乔木或者灌木，雌雄异株，是世界上公认的珍稀濒危抗癌植物。该属的植物主要分布于北半球，全世界约有 11 种。我国有 4 种和 1 变种，即红豆杉［IUCN 评估等级为易危（VU）］、东北红豆杉［IUCN 评估等级为濒危（EN）］、西藏红豆杉［IUCN 评估等级为濒危（EN）］、云南红豆杉和南方红豆杉［IUCN 评估等级为易危（VU）］，主要集中分布在我国的东北、西南及华南地区，但大多都是分散生长，极少有大面积天然纯林存在。

红豆杉属植物含有的化学成分主要包括紫杉烷类、黄酮类、木脂素类、甾体类、酚酸类、倍半萜及糖苷类化合物等。紫杉醇（taxinol）是紫杉烷类化合物家族中的重要成员，也是红豆杉属植物的主要有效成分。1971 年，美国化学家沃尔（Monroe E. Wall）和瓦尼（Mansukh C. Wani）从短叶红豆杉的树皮中首次提取分离得到紫杉醇并公布其化学结构；1992 年，美国食品药品监督管理局（FDA）批准紫杉醇作为治疗癌症的新药上市；1995 年，我国也获得了新药证书。紫杉醇是世界公认的强活性广谱抗癌药物，对卵巢癌、乳腺癌、肺癌、食道癌有显著疗效；对肾炎及细小病毒炎症也有明显抑制作用；此外，对高血压、糖尿病、冠心病、风湿性关节炎、牛皮癣、特应性湿疹也有一定效果。紫杉醇抗癌的主要机制在于它可以与微管蛋白的 β－亚基结合，促进微管蛋白聚合以形成微

红豆杉 *Taxus wallichiana* var. *chinensis* (Pilg.) Florin（孙英宝绘图）

管并抑制其解聚，阻止细胞有丝分裂所必需的微管网络的动力学重组，抑制纺锤体的形成，导致染色体断裂，细胞阻滞在 G2/M 期，阻止了癌细胞的快速繁殖直至死亡。紫杉醇还具有抑制肿瘤细胞迁移的作用。紫杉醇与其他抗癌药物的不同点是副作用较小。紫杉醇抑制的是病变细胞的分裂和增殖，而其他抗癌药物也作用于正常细胞，副作用较大。红豆杉中除紫杉醇外的许多其他生物活性成分中，有的本身具有抗癌活性或其他药用价值，有的可作为半合成紫杉醇或紫杉醇类前体药物的重要母核化合物或原料。

由于环境问题日益严重，癌症的发病率越来越高且日趋年轻化，对紫杉醇的需求越来越大，红豆杉的开发前景越来越广阔。红豆杉已是国家一级重点保护野生植物，不可能再利用天然的红豆杉提取紫杉醇，人工培育更加优良的红豆杉品种是利用该资源的唯一途径。此外，还应该充分利用现代科技手段，对紫杉醇及其衍生物进行多方面的研究，让这个“植物黄金”能拯救更多癌症患者，造福大众。

植物抗癌“新星”——喜树

喜树又叫旱莲木，是蓝果树科喜树属的多年生木本植物，也是我国特有的极少种群植物，主要分布于云南、四川、湖南、湖北、河南、广西、广东、江西、江苏、浙江、福建等省份，树干高大、树冠姿态优美，可作庭园绿化树种。喜树全身都是宝，其根、枝、皮、叶、果均可入药，具有抗癌、清热解毒、杀虫的功能。

研究报道，从喜树的果实、根、树皮中发现了生物碱、鞣花酸衍生物、苷类和其他成分等 30 多种化合物。喜树提取物药理作用主要体现在抗癌、抗病毒和杀虫灭螺等方面，其药效成分主要为生物碱类化合物。喜树中含量最高的生物碱就是喜树碱及其衍生物。喜树碱（camptothecin，CPT）是美国化学家沃尔（Monroe E. Wall）和瓦尼（Mansukh C. Wani）在 1966 年首先从喜树皮中提取分离出来的一种生物碱，通过体外研究发现它具有抗肿瘤活性。天然喜树碱水溶性极差，因此早期临床用喜树碱的水溶性钠盐，遗憾的是喜树碱开环形式会产生毒性且抗癌活性差，导致Ⅱ期临床中断。20 世纪 80 年代，研究发现了喜树碱作为 DNA 拓扑异构酶Ⅰ（Topo Ⅰ）抑制剂的新作用机制，再一次引起国内外医药界极大的重视，并以 TopoⅠ为分子模型，设计并合成了一系列新型抗癌药物。DNA 在细胞内往往以超螺旋状态存在，Topo Ⅰ催化同一 DNA 分子不同超螺旋状态之间的转变。Topo Ⅰ是与双链 DNA 解旋和再连接有关的酶，它的作用是暂时切断一条 DNA 链，形成 Topo Ⅰ-DNA 共价复合体

喜树 *Camptotheca acuminata* Decne.（戴越绘图）

而使超螺旋 DNA 松弛化，然后再将切断的单链 DNA 连接起来，不需要任何辅助因子。喜树碱及其衍生物能和 Topo Ⅰ-DNA 共价复合体形成稳定的结合体，抑制 Topo Ⅰ 解旋和再连接功能，导致 DNA 不可逆性断裂，启动细胞周期阻滞和凋亡信号，从而起到抑制肿瘤的效果。喜树碱这种独特的抗癌机制为其研究提供了新的突破口，被誉为 20 世纪 90 年代抗癌药物的三大发现之一。通过对喜树碱的结构修饰，降低喜树碱的毒性，维持它的抗肿瘤活性，是近年来医药工作者特别是肿瘤研究者广泛关注的热点之一。

继紫杉醇之后，喜树碱衍生物已成为另一种抗癌药物，受到了极大的关注。喜树碱的发展历程是偶然而又曲折的，是人类探索植物药用宝库的一个缩影。我国西南部省份盛产富含喜树碱的植物；癌症是导致我国死亡率第一的大疾病，因此开发具有自主知识产权的新喜树碱衍生物抗癌药物，不仅是重大疾病治疗的需要，也有利于西部农业资源产业化开发。

长着神奇根状茎的植物——薯蓣

薯蓣属是薯蓣科最大的1个属，是多年生草质藤本植物，主要分布在非洲及中美、南美和东南亚等热带和亚热带地区，少数几种分布于欧洲和北美洲；我国约有55种11变种和1亚种，主要分布于长江以南。薯蓣属植物大多具有地下块茎或根状茎。我国食用和药用薯蓣有着悠久的历史，如山药（山药为异名，接受名为薯蓣）在《神农本草经》中列为上品，相同药用价值的还有黄独、穿龙薯蓣、盾叶薯蓣等。薯蓣地下茎富含碳水化合物，17种氨基酸、糖类、矿物质、维生素，营养丰富，可作蔬菜食用，常作食用的有山药、参薯、黄独、五叶薯和日本薯蓣，其中，最具营养价值的是山药。

山药含丰富的蛋白质、淀粉酶消化素，能分解蛋白质和糖，有减肥和“增胖”双重调节效应，是“身材保护使者”。山药块茎中的粗纤维可刺激肠胃道运动，补脾健胃，还可以止泻。一些有山药配伍的方剂，可治疗肾虚、高血压、糖尿病、哮喘、神经衰弱和腰腿痛等病症。山药能延缓衰老，还可治肺结核、伤寒温病及妇女经带病症。山药富含多糖，可调节人类免疫系统；山药中所含的尿囊素具有麻醉镇痛作用，可促进上皮生长，有消炎和抑菌的功效，常用于治疗手足皲裂等皮肤病。山药最大的特点是含有大量的黏蛋白（mucin），这是一种多糖蛋白质的混合物，对防止脂肪在心血管上沉积有显著作用；黏蛋白中的多巴胺能舒张血管、改善血液循环。

薯蓣 *Dioscorea polystachya* Turcz.（戴越绘图）

薯蓣属的植物中含有薯蓣皂苷元（diosgenin）的有 17 种 1 亚种和 2 变种，均属根状茎组，是合成甾体激素类药物的重要基础原料。甾体激素类药物有非常重要的药用价值，具有抗感染、抗过敏和抗休克的功效，在临床上是治疗风湿、心血管疾病、淋巴白血病、细胞性脑炎、皮肤病以及抗肿瘤和抢救危重病人的重要良药。此外，还可以直接以薯蓣皂苷元治疗人体疾病。19 世纪 70 年代，中国科学院成都生物研究所以穿龙薯蓣为原料，成功研制防治心血管病药物“穿龙冠心宁”，能减缓或消除冠状动脉斑块的堆积与形成，临床上对胸闷、气短、心跳过速、心绞痛等冠心病症状有明显治疗效果；20 世纪 80 年代，又以盾叶薯蓣为原料成功研制出防治心血管疾病药物“地奥心血康”。由薯蓣皂苷元、葡萄糖和鼠李糖构成的薯蓣皂苷是一种天然的甾体皂苷，具有抗肿瘤、免疫调节、抗炎、降血脂、抗艾滋病等多方面的生物活性。薯蓣皂苷可通过调节细胞周期、调控细胞凋亡、介导肿瘤细胞上皮－间质转化（EMT）改变及逆转肿瘤细胞耐药性来抑制肿瘤细胞的增殖及增加细胞对药物的敏感性等多种机制来发挥抗癌作用。薯蓣属植物中薯蓣皂苷（元）含量最高的是盾叶薯蓣，因叶子成盾形而得名。随着薯蓣皂苷（元）在医药上的广泛应用，野生资源因挖掘而逐年减少。现在通过人工栽培，人们能够获得充足的盾叶薯蓣资源，目前已形成湖北郧西、陕西安康、湖南怀化三大种植基地。

能降血压的植物——萝芙木

萝芙木属是夹竹桃科多年生的重要药用植物，全世界约有 60 种，大多数种类分布于热带和亚热带，少数种类分布于温带。我国有 7 种，主要分布于华南、西南及台湾等地区。在我国古代药典中，萝芙木属植物未有过记载。其药用价值记载最早见于印度古药方手册《遮罗迦本集》，如利用萝芙木属的蛇根木［又称印度萝芙木，IUCN 评估等级为易危（VU），1997 年被列入《濒危野生动植物种国际贸易公约》附录Ⅱ］治疗发热、蛇咬、精神类疾病等，印度也是最早发现蛇根木生物碱有镇静和降血压作用的国家。20 世纪 30 年代，科学家在萝芙木属植物中发现了一系列吲哚类生物碱。此后，该属植物作为提取“降压灵（verticil）”和“利血平（reserpine）”等降压药的药源植物而成为研究热点。民间用萝芙木的根治疗眩晕失眠、感冒高热等病，用叶片治疗蛇虫咬伤、跌打扭伤等病，具有清热、降火、消肿解毒的作用。

目前有 91 种生物碱陆续从萝芙木属植物中分离并得到结构鉴定，除了替巴因和罂粟碱为非吲哚类生物碱外，其余 89 种均为吲哚类生物碱。吲哚类生物碱分为七大类，分别是利血平类、阿吗灵类、育亨宾类、去氢萝芙木碱类、萨巴晋类、蛇根碱类、四氢鸭脚木碱类。其中，利血平是一种非常重要的有效成分，能有效减少儿茶酚胺和 5- 羟色胺在脑部和其他组织中的存储，是一种经典的治疗高血压的药物。1952 年，麦克菲拉米（MacPhillamy）等首次从

蛇根木 *Rauvolfia serpentina* (L.) Benth. ex Kurz.（戴越绘图）

蛇根木中分离提取到利血平，并于第二年解析了它的分子结构。利血平产生镇定的作用部位为下丘脑，其效果主要表现为缓解患者的头痛、紧张及焦虑等症状，但无致嗜睡和麻醉效果，对脑功能无其他不良影响；其降压功能原理是阻断交感神经末梢的神经递质——去甲肾上腺素的存储，从而使其排空，作用相当于“化学的切除交感神经”，进而起到降低外围血管阻力、降低血压、减缓心率、抑制中枢神经系统的功效。利血平等生物碱的毒性和不良反应较多，近年的研究重点一方面是根据萝芙木属植物已知的化学成分及其作用机制开发新药以替代有副作用的传统药物；另一方面是探寻萝芙木属植物对其他重大疾病的防治作用，研究物种以催吐萝芙木和蛇根木为主，如发现催吐萝芙木具有抗精神障碍类疾病活性、抗寄生虫活性和抗肿瘤活性，蛇根木具有抗糖尿病活性、抗 HIV 活性、抗菌及抗氧化活性和冷冻保护作用等。

说起蛇根木，不得不提到我国的植物学家蒋英。新中国成立初期，蛇根木被外国垄断，并禁止出口，而我国购买他们的蛇根木生物碱的价格非常昂贵。蒋英坚信在我国也可以找到蛇根木或其近缘种。1961 年，蒋英经过 8 个多月的调查，终于摸清了我国萝芙木属植物 9 个种和 9 个变种资源，其中，云南萝芙木和萝芙木生物碱含量最高，分布范围广，产量多。与此同时，在我国云南南部也发现了野生蛇根木，为我国医药工业作出贡献，也为中国人争了一口气。

能够控制肌肉运动的植物——石蒜

植物不仅可以通过调节激素来调节控制自身的生长，也可以通过一些特殊的物质控制动物的肌肉运动，如加兰他敏（galanthamine）。加兰他敏曾主要从夏雪片莲中提取，其干球茎的加兰他敏含量为0.1%~2%。另一种翠尾石蒜属植物的干球茎中含加兰他敏高达7.4%。由于它们都是全球重点保护的珍稀资源，所以石蒜科石蒜属的植物逐渐代替它们成为提取加兰他敏的主要植物来源。石蒜属的植物有20余种，主产于亚洲，我国有16种，集中分布于长江中下游地区，其中，野生资源中忽地笑球茎的加兰他敏含量最高，为其干重的0.034%。忽地笑主要分布于我国福建、湖南、广东、广西、四川、云南等省份。但因无计划的采挖及栽培技术落后、种球繁殖数低等原因致使其野生资源逐渐减少，湖南、福建、四川等地的农民通过种植用来提取加兰他敏的忽地笑品种以获得更多的利润。1962年巴顿（Barton）等首次用化学合成法制备了加兰他敏。之后，不同科学家继续对巴顿的合成方法进行了改进，但化学合成的路线长、收率低且要选用多种手性试剂，条件苛刻，合成加兰他敏的成本与从天然植物中提取不相上下，甚至还要略高。因此，生产上更多的还是通过人工栽培石蒜属植物来提取加兰他敏。

氢溴酸加兰他敏属各国药典收载的胆碱酯酶抑制剂，2000年以前主要用于治疗重症肌无力、脊髓灰质炎后遗症以及用于拮抗氯

忽地笑 *Lycoris aurea* (L'Hér.) Herb.（戴越绘图）

化筒箭毒碱及类似药物的非去极化肌松作用；2000 年 7 月，被欧盟批准作为治疗阿尔茨海默病（Alzheimer's disease，AD）药物后首次在英国、爱尔兰上市，2001 年获美国食品与药品管理局（FDA）许可用于治疗阿尔茨海默病，而后陆续在更多国家上市。

石蒜属植物生物碱种类繁多、结构多样，除上述加兰他敏型外，还含有石蒜碱型、文殊兰型、水仙花碱型、水仙环素型、石蒜宁碱型、猛他宁型，以及其他类型；因此，石蒜属植物具有多种药理活性，包括抗肿瘤、抗乙酰胆碱酯酶（AchE）、抗菌、抗病毒、抗疟疾、抗抑郁症、降血压等。

天然产物及其衍生物是新药先导物的主要来源。在病毒类传染病正肆虐全球之际，开发高效、低毒、抗病毒药是当务之急。由于石蒜属植物生物碱具有较广谱的抗病毒活性，以石蒜碱、文殊兰型生物碱、石蒜宁碱等作为抗病毒药物先导物，设计合成新的生物碱衍生物，并进行抗病毒活性筛选，研制出具有自主知识产权抗病毒新药，不仅是重大疾病治疗的需要，也有利于我国中草药资源产业化开发。

植物中的“黄金脑”——蛇足石杉

蛇足石杉又叫千层塔、蛇足草、宝塔草、千金虫，是石杉科石杉属的多年生蕨类植物，在世界范围内均有散在分布，资源有限，为国家二级重点保护野生植物，IUCN 评估等级为濒危（EN）。尽管蛇足石杉从我国黑龙江至海南均有零星分布，生长环境千差万别，但该物种多生长于山地密林下或沟谷阴湿土壤中，对小生境要求极其严格，目前人工培植技术尚未成功。蛇足石杉以干燥全草可入药，民间主要用于治疗跌打损伤、瘀血肿痛、内伤出血、肿痈疔毒、毒虫叮咬、烧伤烫伤等症。该植物中主要化学成分为生物碱类、三萜类和黄酮类等，其中，石杉碱甲（huperzine A）为代表性成分。石杉碱甲是一种高选择性乙酰胆碱酯酶抑制剂（AchEIs），对阿尔茨海默病（Alzheimer's disease，AD）和重症肌无力疗效显著，还可以有效改善记忆力和恢复意识障碍。20 世纪 80 年代，我国科学家发现蛇足石杉含有石杉碱甲，引起全世界关注。

石杉碱甲在蛇足石杉中的含量仅为 1/100000 左右。蛇足石杉是一种小型蕨类植物，植株矮小、生长极为缓慢，配子体和孢子体阶段均需要与土壤中的特定真菌共生形成菌根才能生长，自然条件下通过孢子繁殖和生殖芽繁殖，自然繁殖能力差，这造成原料来源困难而价格暴涨，纯天然石杉碱甲提取物在国际市场上的交易价格已到达每千克 50 万美元，是黄金价格的十数倍，被称为植物中的“黄金脑”。

蛇足石杉 *Huperzia serrata* (Thunb. ex Murray) Trevis.（戴越绘图）

随着社会老龄化程度的加剧，阿尔茨海默病已成为危害老年人健康的主要疾病之一，同时社会压力的扩散使中青年群体对益智产品的需求不断增大，因此对石杉碱甲的需求也随之增大。科学家寄希望于人工合成石杉碱甲。可惜的是，石杉碱甲合成步骤烦琐、成本较高，且存在环境污染及难以获得纯光学活性合成物等问题，至今仍无法进行工业化生产，解决药源的主要途径依然还是以自然资源为主。据了解，全国范围内蛇足石杉野生资源储量极为有限，远远不能满足市场需要，因此开展蛇石杉的野生抚育和人工栽培是未来研究的重点与难点。

神奇的“无叶花”——秋水仙

秋水仙又叫秋番红花或者藏红花，是秋水仙科秋水仙属的多年生草本植物，地下部分具有圆球形的鳞茎，属球根花卉。由于秋水仙大部分在秋天只开花不长叶，所以当人们看到美丽的秋水仙花时，会认为它是一种神奇的“无叶花”植物。秋水仙原产于欧洲和地中海沿岸，我国自20世纪70年代起从国外引进秋水仙种子和球茎，分别在北京、庐山、昆山等地试种，并已取得可喜成果。秋水仙不属于传统中药范畴，古今中药典籍中鲜见秋水仙药材相关记载。

秋水仙的花、种子和球茎中含有多种毒性极强的生物碱，其中秋水仙碱（colchicine）是其主要活性成分。秋水仙碱就像一把双刃剑，既能做药用，又是一种剧毒物质。秋水仙碱最初主要用于痛风的治疗，后发现在家族性地中海热的治疗中也有显著疗效。研究发现，秋水仙碱具有广泛的药理作用，包括抗肿瘤、抗纤维化、抗炎、免疫调节、治疗皮肤病、防治心血管疾病等。临床上秋水仙碱主要用于治疗一些癌症及疑难病，如乳腺癌、宫颈癌、食管癌、肺癌、胃癌、慢性粒细胞性白血病等。秋水仙碱是细胞有丝分裂强烈抑制剂，对肿瘤细胞的生长具有抑制作用。秋水仙碱发挥微管蛋白聚合抑制因子的作用，能引起肿瘤内部新生的毛细血管损伤而导致出血性广泛坏死。秋水仙碱的A和C环可与微管蛋白亚单位β-微管蛋白结合，干扰微管蛋白的组装过程，从而使微管蛋白解聚。

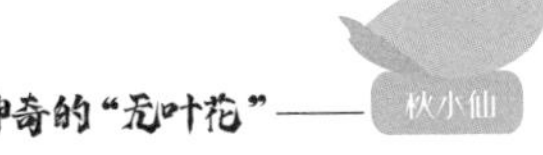

秋水仙 *Colchicum autumnale* L.（戴越绘图）

但秋水仙碱毒副作用较大且与使用剂量大小有明显相关性，典型的秋水仙碱中毒主要包括 3 个阶段：胃肠道反应阶段（中毒后 24 小时内），主要表现为严重的胃肠道症状，如呕吐、腹痛、腹泻等；多脏器功能衰竭阶段，出现脏器功能损伤，如肝损伤、肾损伤、呼吸窘迫、骨髓抑制等；恢复阶段，可伴有脱发表现。

由于秋水仙碱能抑制细胞有丝分裂，被广泛应用于细胞学、遗传学的研究和植物多倍体育种等工作中。

理想的杀虫植物——印楝

化学杀虫剂致使的害虫抗药性和害虫再猖獗，以及农药残留问题的出现，使植物杀虫剂的研究重新引起人们的重视。目前，世界上公认的理想杀虫植物是楝科印楝属的印楝，原产于印度、缅甸的一种速生热带或亚热带乔木。印楝是印度传统药用植物，具有抗寄生虫、抗氧化、抗癌、抗细菌、抗病毒、抗真菌、抗溃疡、杀精、抗着床、抗糖尿病、调节免疫、杀软体动物和杀虫等生物活性。印楝在我国无自然分布。1986 年，华南农业大学的赵善欢教授从多哥首次引进印楝，并在海南试种成功。目前，云南、四川、海南已经大面积种植印楝，其中云南已成为全世界最大的印楝人工种植区。

迄今为止，从印楝分离和鉴定出来的化合物超过 300 个，这些化合物可分为萜类和非萜类两大类。萜类化合物是印楝中最重要的成分，已分离和鉴定出 100 余种，其中较为重要的是以印楝素（azadirachtin）为主的四环三萜类化合物。印楝素对同翅目、膜翅目、鳞翅目等 10 余目 400 多种农、林、储粮和卫生害虫的栖息、产卵和取食等行为及变态、产卵力和昆虫素质等生理方面有较明显的作用，可作为杀虫剂广泛应用。印楝素易发生光解、水解及在土壤中降解，在环境中几乎无残留，在土壤中难吸附、淋溶，也不易造成地下水污染，是环境友好型的天然植物源农药。非萜类化合物涉及硫化物、黄酮类化合物、脂肪酸、香豆素、单宁、多糖和蛋白

印楝 *Azadirachta indica* A. Juss.（戴越绘图）

质等多种类型，这些化合物中绝大多数具有重要的生物活性。

化学农药在全世界的大量使用，致使土壤、水源和农副产品中残留的农药严重超标，对人类健康构成了严重的威胁。印楝作为国际上公认的最有潜力的杀虫植物受到全世界的普遍重视，并且随着科技的发展，印楝素及其衍生物在农药、卫生用药、日化和环境治理等领域将具有更加广泛的应用。

世界三大饮料作物之一——咖啡

咖啡是世界三大饮料作物之一，在世界热带农业经济、国际贸易以及人类生活中具有极其重要的地位。咖啡原产于非洲北部和中部的热带和亚热带地区，已有2000多年的栽培历史。公元前525年，阿拉伯人已开始种植咖啡，起初人们只是用嘴咀嚼咖啡豆。公元890年，阿拉伯商人第一次把咖啡豆制成饮料并卖到也门，到了13世纪，阿拉伯人已普遍盛行炒食咖啡，但到了15世纪以后，咖啡才有了较大规模的栽培。18世纪后，咖啡已广泛引种到欧洲、亚洲、非洲和拉丁美洲的热带和亚热带地区，从而使咖啡成为世界重要的经济作物和日常消费品。咖啡的出现，给欧洲人带来了最伟大的文明，其意义仅次于火的使用。一部咖啡史，不仅是一部经济史，更是一部文化史和社会史，而在国际贸易中，咖啡的销售金额仅次于石油，是名副其实的"黑金"。

咖啡是茜草科咖啡属的多年生灌木或者小乔木。该属植物共有4组66种。通常所指的咖啡为真咖啡组的小粒咖啡、中粒咖啡、大粒咖啡和埃塞尔萨咖啡，其中，小粒咖啡栽培最普遍。小粒咖啡较为常见的品种有波邦（Bourbon）、铁毕卡（Typica）、卡杜拉（Caturra）、卡蒂姆（Catimor）、卡杜艾（Catuai）等。咖啡传入我国历史不长，咖啡豆却因其神奇功效而被载入诸多本草书籍。《中华本草》记载，咖啡药性微苦，涩，平；主治精神倦怠，食欲不振；作为醒神药、利尿药、健胃药应用。

小粒咖啡 *Coffea arabica* L.（戴越绘图）

咖啡是化学成分研究最多的经济作物之一，所含的化学成分主要包括生物碱、酚酸类、黄酮类、萜类、甾醇脂类和挥发性成分等。咖啡中最主要的生物碱是咖啡因（caffeine），其次为可可碱（theobromine）和茶碱（theophylline）。咖啡因为咖啡果实中最主要的活性成分，是咖啡苦味的来源。咖啡因具有很强的中枢神经兴奋作用，摄入适量咖啡因可以提高反应速度、集中注意力和消除疲劳。但咖啡因具有成瘾性，摄入过量会造成心悸、中毒，甚至死亡，因此被国家列入严格管控的精神药品范围内。咖啡因在促进胰岛素分泌和降低 II 型糖尿病风险、保护心血管功能，以及预防抑郁症、帕金森病等中枢神经系统疾病方面有一定功效。咖啡中酚酸及其衍生物含量丰富，绿原酸（chlorogenic acid）是主要的酚酸类化合物，具有抗菌、抗病毒、降血脂和清除自由基等作用。咖啡中含有儿茶素、表儿茶素、槲皮素等黄酮类化合物，具有抗氧化、抗肿瘤、抗炎、抗菌等多种活性。咖啡中含有大量咖啡豆醇、咖啡醇等萜类化合物，具有抗癌和降血糖等功效。咖啡挥发性成分已经分析出数百种，其主要来源为咖啡生豆在焙炒过程中化学成分发生化学键断裂或不同组分间反应产生的小分子风味物质。咖啡虽好，但也不可肆无忌惮地饮用，每天适时（睡前 6~8 小时）适量（2~3 杯）饮用绿色咖啡（不加奶和糖）对健康有促进作用。

1884 年，咖啡种子被引入我国台湾，1902 年法国传教士将小粒咖啡引入云南省大理，从此我国开始了咖啡栽培。在经济快速发展的今天，咖啡成为大中城市蓝领和白领的主要饮品之一，其种植面积有了巨大发展且形成规模产业，在满足国际和国内消费需求的同时，也推动了云南等边疆地区特色产业发展和乡村振兴。

"浓淡相宜"的树叶——茶

茶是山茶科山茶属的多年生常绿灌木或小乔木，原产于我国西南部，在地球上主要分布于北纬 30 度至南纬 16 度，最早于约公元前 2737 年被发现。茶是世界三大饮料之一。世界上有 160 个国家和地区的 20 多亿人饮茶，也有约 60 个国家种茶。茶叶在我国产生后，首先伴随中国文化向朝鲜、日本、东南亚、中亚、西亚传播。16 世纪始，海上丝绸之路的兴起，茶叶作为主要贸易商品向俄罗斯、葡萄牙、西班牙、荷兰、英国、法国、瑞典等欧洲国家传播。嗣后，通过欧洲国家的殖民扩张，茶叶种植与加工等技术被传播到美洲、大洋洲和非洲等地。经过上千年传播，茶最终成为世界性饮料。

我国是茶的发源地，茶区分布广泛，茶树种类繁多，品种优良，在漫长的历史发展中，我国历代茶人不断革新制茶工艺，富有创造性地开发了各种各样的茶。根据加工方法和成品茶的品质特点，茶可以分为六大类：绿茶、红茶、乌龙茶（青茶）、黄茶、黑茶和白茶。茶文化在我国已有数千年历史，并已与我国传统文化结合在一起，实现了文化本身的融合与创新。茶文化兴于唐而盛于宋。唐代陆羽的《茶经》是世界第一部关于茶的著作，被称为"茶道的百科全书"。

茶叶在我国有近 5000 年的药用历史。《本草拾遗》《神农本草》等古代多本医学著作中均记载了茶叶的保健和药用功能。茶叶有提

茶 *Camellia sinensis* (L.) O. Kuntze（戴越绘图）

神、除燥、化痰消炎、解暑清热等功效。现代研究表明，茶叶中含有丰富的化学物质，包括茶多酚、茶氨酸、茶皂素、茶多糖、茶类胡萝卜素、咖啡碱等，其中最重要的是茶多酚（tea polyphenols）。茶多酚是一类以 α－苯基苯并吡喃为基本结构的多羟基酚类化合物的统称，主要包括黄烷醇类（儿茶素类）、黄酮类、黄酮醇类、花色苷类、酚酸类、缩酚酸类及聚合酚类等30余种化合物。茶多酚具有“七抗、二防、三降一解”的功效，七抗为抗氧化、抗炎、抗肿瘤、抗辐射、抗病毒、抗过敏和抗菌；二防为防动脉粥样硬化和防老年痴呆；三降一解为降血脂、降血糖、降体重和解毒。此外，茶多酚对动物肠道黏膜屏障有着积极的调控作用，可在畜牧生产中应用。茶多酚具有多种药理学作用，这是由于其含有较多的酚羟基（-OH）而具有一系列独特的化学性质，如能与蛋白质、生物碱、多糖结合；能与多种金属离子发生络合作用；具有还原性，能清除活性氧和自由基活性等。

我国是茶的故乡，拥有丰富的茶资源。近50年以来，我国茶资源综合利用产业取得诸多进步，天然活性成分的发现、分离和应用得到质的飞跃。大力开发涉茶功能性终端产品，既可满足人们对健康生活的需求，也是茶产业未来的希望。

生产富有能量种子的植物——可可

可可是锦葵科可可属的常绿乔木，原产南美洲亚马孙热带雨林地区，现主要分布在印度尼西亚、加纳、东南亚、西非等赤道南北纬10度以内的狭窄地带。可可自17世纪传到东南亚，目前已有60多个国家地区种植，其中，委内瑞拉、加纳、科特迪瓦、尼日利亚、厄瓜多尔、马来西亚、巴西等热带地区是可可的主要产地。我国海南、台湾和云南南部有栽培。可可的种子就是可可豆，经过发酵、烘焙等工艺后可以制得可可粉，是制作高级饮品、巧克力、糕点、糖果和冰激凌等的主要原料。只有烘焙过的可可豆才有独特香气和浓郁味道。可可和茶、咖啡一起被誉为世界三大饮料。

可可豆中含有多种化学成分，包括多酚、生物碱、膳食纤维、脂质、蛋白质、矿物质和维生素等。其中，主要生理活性成分为多酚类化合物及生物碱类化合物。苦味和收敛性是可可豆的特征味道，主要与多酚和生物碱有关。多酚类化合物主要包括原花青素、黄烷醇和花色苷。多酚的发酵反应产物构成了可可豆的独特味道。多酚类化合物在发酵冷凝后形成了可可豆以及巧克力的棕色。研究表明，可可豆多酚类化合物具有显著的抗氧化和清除自由基能力；从可可豆中分离出来的黄烷醇除了具有保护心血管的作用外，还可调节血压和增强免疫系统功能。可可豆中的可可碱和咖啡因能起到兴奋中枢神经系统和提高思维能力的作用。可可豆中的膳食纤维可作用于肠道，使之产生饱腹感，增强肠道蠕动效果及肠胃消化功能。

可可 *Theobroma cacao* L.（戴越绘图）

可可脂是可可豆主要的经济成分，正是由于其特定的脂肪酸组分及比例关系，造就了可可脂独特的理化性质，即熔点在35~37摄氏度，入口即化，口感丝滑，并具有舒缓、保湿等功效。此外，可可豆还具有减少患肥胖症和糖尿病的风险等药理作用。

目前，我国可可主要分布在海南岛，种植面积约330公顷，远不能满足国内需求，每年仍需进口可可豆10万吨以上。可可是我国新兴的热带特色经济作物，适宜在经济林下推广种植，栽培管理简单，有巨大的发展潜力。

植物中的“青霉素”——蒜

蒜也叫大蒜、蒜头、独头蒜、胡蒜、青蒜等，是石蒜科葱属的一或二年生草本植物。蒜原产于亚洲西部和欧洲南部，早期主要在古罗马和地中海沿岸的部分国家种植。我国开始种植并食用蒜始于西汉时期，由西域引入我国陕西地区。蒜是一种世界广泛种植的蔬菜作物，我国是全球最大的蒜生产国、消费国和出口国。蒜的使用历史悠久，主要用于食品调味和疾病治疗，被称为“地里生长的青霉素”。国内外用蒜治疗疾病已经有数千年的历史。蒜载于《神农本草经》，味辛，性温；归脾、胃、肺经，具有暖脾胃、行滞气、解毒功能。

蒜含有氨基酸、肽类、蛋白质、脂肪、多糖、多酚、维生素、苷类和无机盐等各种成分。所含氨基酸大多为人体必需的氨基酸，其中，组氨酸、半胱氨酸、赖氨酸的含量较高。蒜中还含有钠、钾、铁、钙、磷、硫、维生素 A、维生素 B、维生素 C，以及微量元素硒、锗等。含硫化合物是蒜中的主要活性成分，也是蒜具有刺激性气味的主要原因。蒜氨酸（alliin）作为这些含硫化合物的前体物质，在蒜氨酸酶的酶解催化下生成大蒜素（allicin），随后大蒜素降解为其他含硫化合物。蒜有“天然广谱抗生素”之称，对包括金黄色葡萄球菌在内的多种细菌具有较强的杀灭、抑制作用。蒜还具有降血脂、调节血糖水平、保护肝脏、降低心血管疾病的风险、抗氧化、抗炎、抗纤维化、抗肿瘤、增强免疫力等药理作用。

蒜 *Allium sativum* L.（戴越绘图）

蒜含有多种功效成分，不仅可作为日常烹饪的调味品，还具有重要的保健功能和药用价值，是我国重要的出口蔬菜之一，对地方经济的发展具有重要作用。随着科学技术的不断进步以及对蒜活性成分的药理作用机理研究的不断深入，其应用定会不断扩展，对促进蒜产业的进一步发展以及提高人类的健康水平将起到十分积极的作用。

让人又爱又恨的植物——烟草

神奇的大自然赐予了人类一种能够暂时消解忧愁的植物——烟草。烟草为茄科烟草属一年生草本植物，起源于美洲、大洋洲及南太平洋的一些岛屿，大约于16世纪中期传入我国。在我国，烟草主要用于卷烟生产，但随着我国禁烟措施越来越严厉，烟草种植业的发展也受到限制，烟草也开始向食品、保健品、医药、饮料、化妆品等行业方向发展。

烟草也是一味具有悠久历史的传统中药。距今近600年的明代中医史书《滇南本草》中记载："野烟，又名烟草，性温，味辛麻，有大毒。治疗毒疔疮、一切热毒疮；或吃牛马驴骡死肉，中此恶毒，唯用此物可救。"研究表明，烟草含有的化学成分复杂，已发现了数千种化合物，包括生物碱、萜类、挥发油、功能蛋白、多酚类、糖类等物质，其中，许多都是重要的生化医药原料，具有广泛的用途和较高的经济价值。此外，烟草作为典型的基因工程模式植物在生物技术领域一直发挥着重要作用。

烟草为什么能缓解疲劳和使人暂时消除忧愁？原来，烟草含有一种活性物质——烟碱（又称尼古丁），是烟草中特有的一种生物碱，含量占烟草生物碱总量的95%以上。烟碱含量是烟草和卷烟质量控制的一项重要指标。烟碱提供卷烟抽吸时的烟味、劲头和生理满足感。烟碱用途广泛，具体内容如下：

①在医药领域的用途：因其具有的修复多巴胺能神经元轴突的

烟草 *Nicotiana tabacum* L.（戴越绘图）

能力及提高神经元的存活能力，可作为生理兴奋剂，提高注意力、降低焦虑感和紧张反应；对帕金森氏综合征（PD）和阿尔茨海默病（AD）有一定预防和治疗作用；对胃溃疡有预防和治疗的作用；合成烟酸（维生素 B3）、烟酰胺，用于医药食品添加剂等；制备尼古丁疫苗、尼古丁贴片及含片，有助于吸烟者戒烟。

②在农业领域的用途：可作为植物源杀虫剂使用，高效、低毒、对环境安全；可与过渡金属配合使用，制成微量元素肥料。

③在烟草行业的用途：可以应用于低焦油卷烟的加香。

吸烟有害健康！烟气产生的急性毒性，主要在于烟气及部分成分（如丙烯醛和焦油）的细胞毒作用。吸烟与心血管系统疾病、肺气肿和慢性气管炎等慢性阻塞性肺部疾病（COPD）等多种疾病有关，这些由烟气产生的亚慢性毒作用主要与烟草中焦油、烟碱和一氧化碳等成分有关。此外，烟气还具有致癌和致基因突变的特殊毒性。尽力保留卷烟的品质又能降低对人体的危害，是烟草毒理学研究必须重视的问题。

我国作为世界上最大的烟草生产与消费大国，吸烟人数远超 3 亿，被动吸烟的人数也超过 7 亿，禁烟之路任重道远。我国于 2003 年 11 月 10 日正式签署《世界卫生组织烟草控制框架公约》，于 2005 年 10 月 11 日正式批准该公约，为使烟草使用和接触烟草烟雾持续大幅度下降，禁烟措施将越来越严厉。然而，烟草资源是我国巨大的物质资源，除了制作卷烟外，其他应用价值也不可忽视。随着烟草生物活性成分及其药用价值的不断深入研究，以及提取和应用工艺的完善，烟草在医药、保健品、食品、饮料及其他行业的推广应用将得到发展。

生长“羊毛”的植物——棉花

棉花是锦葵科棉属的一年生经济作物，是世界上最重要的纤维作物和纺织工业原料。棉属中仅陆地棉、海岛棉、草棉和树棉 4 个栽培种。其中，原产于中美洲墨西哥高地及加勒比海地区的陆地棉的应用最广，约占世界棉花产量的 90%；海岛棉约占 8%；草棉（非洲棉）和树棉（亚洲棉、中棉）仅占 2% 左右。考古证据表明，约公元前 5000 年，墨西哥及加勒比海地区已经有人类开始利用野生棉花，公元前 3000 年左右，南美洲地区和印度地区的人类，以及尼罗河流域的埃及人已经开始种植棉花。我国关于棉花的记载最早出现于战国时代的《尚书》。这一时期，印度的树棉经东南亚传入我国，起初人们把棉花当作花草种植。西汉时期，印度的棉纺技术经由阿拉伯传入我国。唐宋朝时期，草棉传入中国。元代以后，中国逐渐确立了棉花经济作物的地位。清朝乾隆时期，英国传教士向清政府推介了“英国棉花”（美国陆地棉）。因此，我国的棉花品种综合了美、非、亚多种棉花的特点。棉花曾是中世纪欧洲北部重要的进口物资。当地人自古以来习惯从羊身上获取羊毛，当他们听说棉花是种植出来的，误以为棉花来自一种特别的羊，这种羊是从树上长出来的，因此德语棉花一词直译为“树羊毛”。

棉花之所以能被做成各种各样的布料，广泛运用在纺织、服装等领域，主要得益于棉花中的棉纤维。棉纤维是棉属植物的种子纤维，由胚珠外表皮单个细胞经伸长、细胞壁加厚而成。成熟的棉

草棉 *Gossypium herbaceum* L.（戴越绘图）

纤维主要由纤维素、少量的多缩戊糖、蜡质、蛋白质、水溶性物质和灰分等组成，其中，纤维素约占总成分的 94% 以上，是一种由许多葡萄糖剩基联结而成的多糖物质，分子式（$C_6H_{10}O_5$）$_n$，其中，棉纤维的聚合度 n 为 10000~15000。棉纤维具有很好的力学性能，细绒棉和长绒棉强力范围一般在 3.5~6.0 厘牛（cN），具有可纺织性，断裂伸长率一般为 3%~7%，弹性相对较差；棉纤维公定的回潮率为 8.5%，具有良好的吸湿性与易染色性；棉纤维导热系数较低，纤维内部缝隙和孔洞多。因此，棉纤维具有穿着舒适、柔软保暖、易染色、透气良好，以及天然纤维的安全卫生及可生物降解等诸多优点。此外，还可以通过棉纤维改性，在保持纤维基本优良性能的前提下赋予棉纤维特殊功能，拓宽棉纤维应用领域。

“棉花全身都是宝”，除棉纤维是人类最重要的天然纤维来源外，棉籽可以用来榨油、提取蛋白，供食用或其他应用；棉籽壳可用于食用菌的栽培；棉籽饼经脱毒处理后可作饲料；棉秆皮经处理后可代替麻纤维；棉秆可用于造纸，生产人造纤维、胶合板等；无毒的棉叶可以饲用，供提取有机酸等。此外，从棉籽油中提取天然维生素 E、用棉籽蛋白粉制药、以棉籽油生产生物柴油等也是棉副产品综合利用的重要途径。面对人口不断增加、人民生活水平持续提高、耕地面积逐步减少的现实，我国在粮、棉、油、柴方面存在越来越大的压力，而发展高效棉花产业，充分开发棉花副产品的利用价值，是缓解这一压力的有效途径。

让世界动起来的植物——橡胶树

橡胶树又叫巴西橡胶树、三叶橡胶树，是大戟科橡胶树属的多年生高大乔木，原产于南美洲亚马孙河流域，主要种植于南纬10度和北纬15度间的热带地区，具明显的地域性。北纬17度以北曾被认为是“植胶禁区”，我国是世界上首个在北纬18~24度范围内大面积植胶成功的国家。橡胶树分泌的胶乳经过凝固与干燥处理后形成的天然橡胶，是重要的战略物资和工业原料。世界上含有天然橡胶的植物有2000余种，但橡胶树具有胶乳产量高、经济寿命长、采收方便、橡胶品质好等优点，成为人工栽培最广泛的产胶植物。

天然橡胶是一种以聚异戊二烯［分子式（$C_6H_{10}O_5$）$_n$］为主要成分的天然高分子化合物，其中，橡胶烃（聚异戊二烯）含量在90%以上，同时含有少量的蛋白质、脂肪酸、糖分和灰分等。橡胶树产、排胶过程是一个植物创伤反应过程，天然橡胶通过切断橡胶树乳管获得。研究表明，树皮中次生乳管数量、两次割胶间的胶乳再生能力和排胶持续时间是影响橡胶树产量的关键因素。橡胶树产量受到遗传因素和环境因素的双重影响。天然橡胶具有很强的弹性以及良好的隔水性、隔气性、绝缘性和可塑性，具有抗拉和耐磨等特点，被广泛地运用于交通运输、医疗卫生、国防军工等领域和日常生活的各个方面。目前，世界上完全或部分使用天然橡胶和改性天然橡胶的产品已达数万种，这些产品已深深地影响日常生活的各个方面。此外，橡胶木材是天然橡胶生产的重要副产品，其加工利

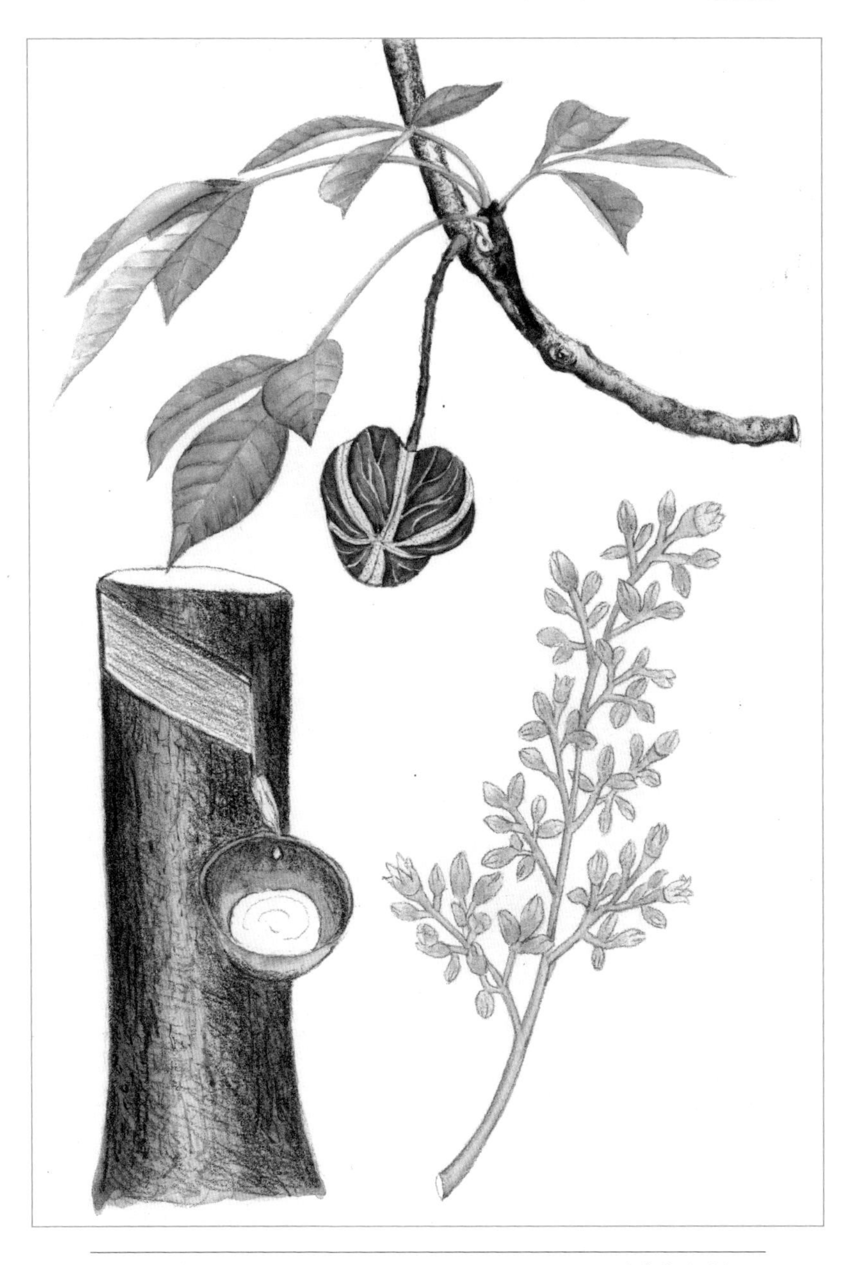

橡胶树 *Heavea brasiliensis* (Wilde. ex A. Juss.) Müll. Arg.（戴越绘图）

用能够增加木材生产总量，有利于减少其他森林砍伐量。橡胶籽种仁营养价值高，粗蛋白含量25%~30%，且必需氨基酸组成较平衡；粗脂肪含量为50%，富含 α－亚麻酸。橡胶籽中含有的氢氰酸等抗营养因子，经贮存、加热可钝化绝大部分。因此，橡胶籽及其加工品可作为养殖动物饲料的植物蛋白源和脂肪源。

自进入21世纪以来，我国橡胶产业取得大发展，不仅种植面积扩大、区域扩展，且经济效益也有大幅度提高。然而，橡胶树的大面积种植必然会导致热带雨林面积大幅度减少，从而导致一系列的生态环境问题，如土壤肥力下降、生物多样性减少和水源涵养能力减弱等。因此，应遵循可持续发展和因地制宜原则，科学规划及合理布局橡胶种植地带；同时，调整和优化橡胶树的种植结构和模式，发展橡胶林林下作物以提高种植区经济效益并减少生态损失。应加大科学植胶的宣传，对胶农进行橡胶种植和割胶技术培训，提高胶农环境保护意识，促进橡胶产业的可持续发展。

香气绕梁的植物——樟

樟又叫香樟、乌樟、芳樟、樟木、番樟等，是樟科樟属的多年生常绿大乔木，原产于我国南部各省，日本、韩国及越南也有分布。我国主要产区有台湾、海南、福建、江西、广东、广西、四川、云南、贵州、湖南、湖北、浙江、江苏、安徽等地。樟是我国南方的珍贵材用和特种经济树种，因其寿命长、冠大荫浓、树姿雄伟、四季常绿，深受广大人民喜爱。早在2000多年前，我国就有栽培樟的记载。唐宋年代在寺庙、庭院、村落、溪畔广泛种植樟。樟材质优良且有芳香、耐腐、防虫等特点，是名贵家具以及建筑、造船、美术装饰等的上等材料；樟可供提取樟脑及樟油，是医药卫生、化工、食品、香料的重要原料；樟吸烟滞尘、涵养水源、固土防沙，是美化环境和改善生态的优良树种。

樟是我国传统中药材，具有抗血栓、动脉硬化、肿瘤、氧化衰老等作用，民间主要用于治疗风湿痹痛、水火烫伤、疮疡肿毒、疥癣、皮肤瘙痒、毒虫咬伤等。樟的主要化学成分包括挥发油、黄酮类、木脂素类、糖苷类等，具有抑菌、抗氧化、抗炎、杀虫、止痛、抗癌等多种药理活性，在食品、化工、医药及香料领域具有重要的开发和利用价值。樟全株散发特有的香味，主要挥发油成分有芳樟醇、1,8-桉叶油素、樟脑、异-橙花叔醇和龙脑等，但不同地域及气候条件下生长的樟，其挥发油成分不相同，有研究者依据精油中主要成分把樟分为油樟、脑樟、芳樟、异樟和龙脑樟。

樟 *Cinnamomum camphora* (L.) J. Presl（戴越绘图）

我国樟资源丰富，随着对其化学成分研究的深入，其在抑菌、抗氧化、抗炎等方面的活性逐渐被重视，但其在抗炎、抗癌等活性的研究尚停留在动物实验水平。因此，有必要对樟的药理活性进行深入研究，阐明其药效物质基础及作用机制，为其临床应用及产品开发提供重要的科学依据，促进樟产业的健康发展。

会流泪的植物——松树

松树是松科松属植物统称，都是常绿针叶乔木，针叶2、3或5针为1束，雌雄同株，球花单性。《中国植物志》收录松属植物80余种，广泛分布于北半球；我国有22种10变种，遍布全国，其中，如红松［国家二级重点保护野生植物，IUCN濒危等级为易危（VU）］、油松、白皮松、樟子松、黑松和马尾松等为我国森林中的主要树种。松树生长快、树干挺直、树冠雄伟，能耐寒、旱、瘠薄，对土壤要求不高，寿命长，既是主要的用材树种，也是荒山造林的首选。松树不但经济价值高，且有“如障、如屏、如绣画、似幢、似盖、似旌旗”的形象，可美化庭院、绿化道路、装饰园林、改善生态环境等。经过长期的文化积淀，松树已不仅仅是树，而是一种崇高精神和高尚品德的象征。

目前，松树主要在提供用材、薪碳、采脂、医用等方面造福人类。按照结构特征和材性，一般将松树分为软木松和硬木松。软木松（即单维管束亚属）比较轻软，纹理均匀、强度小、加工容易，早材至晚材渐变，少翅裂。硬木松（即双维管束亚属）比较重硬，纹理不均匀、强度较大、加工较难，早材至晚材急变，松脂含量高。但软木松中的海南五针松和华南五针松［（中国特有种，国家二级重点保护野生植物，IUCN濒危等级为近危（NT）］，在强度和容重上接近于硬木松。松树木材可作为建筑、造船、电杆、枕木、矿柱、桥梁、农具、器具、家具等材料。松树的纤维素含量

油松 *Pinus tabuliformis* Carrière（戴越绘图）

50%~60%、木质素25%~30%，为造纸工业重要原料。松树也可用作薪炭材。从松树树干割取的松脂可以供提取松香和松节油。松树种子富含蛋白质和油脂，含油量多在30%以上，其中，具食用价值的有20余种，如红松、偃松、华山松等。红松的种子还可入药，是一种滋养强壮剂。松树的树皮、种皮富含单宁，可浸水后供提取栲胶。树皮经粉碎后，与其他原料混合，加压可制成硬纤维板。松针可供提取挥发油。针叶中含有较丰富的胡萝卜素、维生素、脂肪、蛋白质以及钙、磷等多种矿质元素，可加工成畜禽饲料添加剂。利用松枝、松根不完全燃烧可制得松烟，用于制造油墨和黑色涂料。松枝和松根还是培养名贵药材茯苓的基质。

我国是世界上最早认识松属植物药用价值的国家，早在《神农本草经》和《黄帝内经》中就有相关记载。松针（油松、马尾松、赤松、巴山松、华山松等的嫩叶）为主要药用部位。《本草纲目》记载:“松叶，名为松毛，性温苦，无毒，入肝、肾、肺、脾诸经，治各脏肿毒，风寒湿症。”松花粉，又名松花、松黄，是马尾松和油松或其他松属植物的花粉，为2015年版《中华人民共和国药典》收录，味甘、性温，归脾经、肝经，祛风益气、收湿、止血，治头旋眩晕、中虚胃疼、久痢、诸疮湿烂、创伤出血。松花粉药食兼用的历史已达上千年，堪称“花粉之王”。松属植物中普遍含有挥发油类、萜类、黄酮类、木质素类、多糖类、多酚和氨基酸等多种化学成分，且有较好的镇痛抗炎、止咳平喘、抗氧化、抗衰老、抗肿瘤、抗病毒、抑菌和抗突变等生物活性。我国松属植物分布广泛，资源丰富，有待进一步深入对松属植物化学成分及生物活性进行研究，为松属植物的资源开发、寻找新药及临床应用提供理论依据。

涂料大王——漆

漆又名漆树、山漆、大木漆、干漆、家漆，是漆树科漆树属的落叶阔叶乔木，主要分布于东亚和东南亚地区，原产于我国，是一个古老的经济树种。漆文化在我国源远流长，是华夏文化的重要组成部分。我们的祖先在同大自然抗争与发展生产力的过程中逐渐认识漆树，掌握生漆特性和生漆采割技术，并将其应用于生活与生产实践。《山海经》记载："又北百八十里，曰号山，其木多漆、棕"；从河姆渡文化遗址出土的7000多年前的木胎朱漆碗到明代漆工艺家黄成的《修饰录》，可以看出漆在华夏文明的发展中一直扮演着重要的角色。我国漆树集中分布在秦岭、巫山、大巴山、大娄山、武陵山、乌蒙山和邛崃山一带，构成一个近似环形的分布中心。

生漆为漆树的主产品，是漆树的韧皮部被割开后流出的一种乳白色胶状液体，接触空气后表面迅速变为褐色，数小时后硬化而生成漆皮。生漆作为天然涂料，能在常温下通过漆酶的催化作用固化成漆膜。生漆作为涂料具有防水、防潮、防腐、高硬度、高光泽、绝缘和耐高温的特性，被誉为"涂料之王"，在现代工业、农业、国防、科技、民用等领域发挥着重要作用。生漆主要由漆酚、水分、树胶质、糖蛋白和漆酶等物质组成。漆酚（urushiol）为淡黄色油状液体，是生漆中含量最多的成分，其含量及种类是评价生漆质量的标准。漆酚由含15~17个碳原子的不同饱和长侧链的儿茶酚类组成，包括饱和漆酚、单烯漆酚、双烯漆酚和三烯漆酚等异构

漆 *Toxicodendron vernicifluum* (Stokes) F. A. Barkl.（戴越绘图）

体。漆酚类物质具有强烈的致敏性。生漆中的主要成分所占的比例与含量决定其成膜性能和生物活性；各种成分及含量随漆树品种、生长环境和割漆时间等的不同而有所差异。

古代医药典籍记载漆树的叶、花、果实、根、皮、木心及生漆、干漆均可入药，具有治疗跌打损伤、毒蛇咬伤和湿疹疮毒的作用；现代研究表明，生漆的提取成分包括漆酚、漆多糖等，具有很好的抗肿瘤、抗炎、抗菌、抗氧化、降血糖、降血脂、抗凝血、调节神经等生物活性。漆树的种子可以供榨油，籽油中亚油酸含量高达60%，还含有多种药理活性成分，具有极高的开发价值；漆籽加工的漆蜡（油）是制造肥皂、化妆品、蜡烛、硬脂酸等的重要原料；漆树果皮能用来制作蜡烛、蜡纸；漆树树干坚硬致密，可以作为建筑木材。“漆树全身都是宝”，如何挖掘出漆树更高的经济价值、药用价值、文化与艺术价值是一代又一代“漆人”永恒的话题与不懈的追求。

蔓上的珍珠——葡萄

葡萄属是葡萄科中最具有栽培价值的一个属，分为圆叶葡萄亚属和真葡萄亚属2个亚属，全世界有70余种，主要分布在欧洲—西亚、北美洲和东亚3个中心。已知世界葡萄品种可达1.6万种以上，我国种质资源圃中有3000多种。世界上绝大部分葡萄品种属于真葡萄亚属，包括欧亚种群、北美种群和东亚种群。目前，欧亚种群仅存一个种，即欧洲葡萄。人们日常熟知并食用、栽培的葡萄，大多是源自欧亚种群，包括‘赤霞珠’（‘Cabernet Sauvignon’）、‘无核白’（‘Thompson Seedless’）、‘美乐’（‘Merlot’）等优良品种。欧亚种群葡萄果穗大、丰产、含糖量高，适合酿酒与鲜食。欧亚种群葡萄约于公元前6000年首先驯化和栽培于地中海东岸至高加索地区。此后，随着人群迁徙和交流，欧亚种群葡萄开始向两河流域、埃及、欧洲以及中亚地区传播。据考古资料以及相应的人群迁徙历史推断，欧亚种群葡萄约在公元前2000年末期通过早期丝绸之路从中亚地区传入我国新疆，并由此逐步传入内地。北美种群主要包括美洲葡萄、沙地葡萄和河岸葡萄等30余种。北美洲北部葡萄具有很好的抗寒性，北美洲东南部葡萄抗病性强。美洲葡萄具有明显的“狐臭味”，主要用于鲜食和制汁。

从1620年始，欧洲移民先后在美国各地栽种欧洲葡萄，因为根瘤蚜危害，栽种都失败了。后来，美国人利用抗虫性强的河岸葡萄和沙地葡萄等作砧木，把欧洲葡萄的优良品种进行嫁接栽培，从

葡萄 *Vitis vinifera* L.（戴越绘图）

此美国的葡萄产业得到迅速发展。另外，通过美洲葡萄与欧洲葡萄杂交，得到许多抗病性和抗湿性较强的欧美杂交种葡萄品种。与欧洲葡萄相比，欧美杂交种葡萄的栽培面积和总产量所占的份额都较小，在一些雨热同季、降水较多，病害发生严重或冬季严寒的地区，欧美杂交种葡萄具有一定的优势。东亚种群有 40 余种，我国拥有 29 种，是东亚种群葡萄资源最丰富的国家。其中，生长于我国秦岭、泰山以南的毛葡萄分布最为广泛，以毛葡萄为亲本培育酿酒葡萄新品种已成为我国气候湿热的南方地区的发展趋势；山葡萄主要生长在我国东北地区，具有生长期短、抗寒性极强等特点，已选育出一系列优质酿酒山葡萄品种；刺葡萄生长在我国湖南、浙江、江西等地，对高温、高湿、黑痘病、白腐病和炭疽病抗性强。东亚种群葡萄的果穗、果粒普遍偏小，糖含量低且酸含量和单宁含量高，大多不适合鲜食。

葡萄既有为人称道的风味和口感，又具有很好的营养价值。现代科学证实，葡萄中含有矿物质、多种维生素，以及多种人体所需的氨基酸。常食葡萄可以抗病毒、改善过敏症状、防癌抗癌、抗贫血、美容养颜等。葡萄多酚（grape polyphenol）是葡萄重要的次生代谢产物，广泛存在于葡萄的籽、皮、茎、叶中，主要包括类黄酮（原花青素、花色素苷、黄酮醇、黄烷醇等）、酚酸（羟基肉桂酸、羟基苯甲酸、没食子酸及其衍生物）和芪类（白藜芦醇）化合物等，具有抗氧化、抗癌、抑菌、防治心脑血管疾病、防治糖尿病慢性并发症、抗辐射等生理活性，在食品、保健品、药品、化妆品领域有广泛的应用前景。白藜芦醇（resveratrol）是一种非黄酮类多酚化合物。1997 年，伊利诺伊大学芝加哥分校一名教授首次系统地报道了白藜芦醇的抑癌作用，从而使之成为医药学和营养卫生学瞩目的焦点，被誉为“20 世纪末本领域最新的科学发现”。适量饮用葡萄酒有利于心血管健康的“法兰西悖论”，也被认为是和葡萄酒中的白藜芦醇有关。

葡萄多酚作为安全、天然的抗氧化剂，在人类营养保健和健康等方面将发挥着重要作用。随着我国葡萄与葡萄酒产业的持续发展，充分利用葡萄籽、皮、枝、叶，尤其是对葡萄园农业废弃物和葡萄工业废弃物中多酚类物质的充分的开发利用，将会带来极高的经济和社会效益，对于建设可持续的生态葡萄园产业模式、推动我国的葡萄酒产业更好发展具有重要意义。

能流出糖汁的树——糖槭

糖槭是无患子科槭属的落叶乔木，高度可以达到40米，主要产自北美洲，以加拿大为多，广泛分布在北半球地区，叶色在秋天变化丰富，是北美洲最美的景观树种之一。糖槭是世界三大糖料木本植物之一，也是重要的经济林树种，分泌的树液中含糖分3%~5%，高可达10%。其树干含大量淀粉，冬天成为蔗糖，天暖时蔗糖变成香甜的树液。如在树上钻孔，树液便源源流出。树汁熬制成的糖叫枫糖或槭糖。枫糖是糖尿病人可以食用的糖类，主要成分为蔗糖，含丰富矿物质和有机酸。树干为优质木材，是硬枫木的一种。树皮可药用。糖槭也是早春的粉源植物。加拿大被称为“槭树之国”，糖槭的叶片被加拿大人绘为国旗、国徽的图案，作为国家的象征。我国于20世纪50年代开始对糖槭进行引种实验，之后部分植物园均对其进行了引种，但未大面积推广应用，仅少量种植，多被作环境美化树种。

糖槭叶子及果实中还含有大量药用成分，具有较高的药用开发价值。糖槭叶子中含有三萜类、甾醇类、多酚类及皂苷类化合物。其中，所含三萜类化合物包括乌苏烷、齐墩果烯等及其衍生物；甾醇类化合物包括谷甾醇等及其衍生物；多酚类化合物主要以黄酮类化合物为主；皂苷类化合物包括柴胡皂苷及其衍生物。研究表明，糖槭叶醇提取物具有很强的抗氧化性和较好的抗炎性。糖槭果实中含有氨基酸、糖、黄酮、皂苷、香豆素、有机酸和鞣质等有效

糖槭 *Acer saccharum* Marsh.（戴越绘图）

成分，具有较强的抗氧化、抗炎、抗菌、抗病毒、抗肿瘤等药理活性。糖槭种子含有 8 种人体必需的氨基酸及脂肪酸，同时富含多种微量元素；糖槭果肉中含有三萜类、多酚类等生物活性成分。

参考文献

Douglas H. Boucher，1992. 可卡因和古柯植物——传统和非法使用 [J]. 何新华，译 . 世界科学（8）：21–23，50.

白立伟，牛义，刘海利，等，2016. 魔芋种质资源及育种研究进展 [J]. 南方农业，10（4）：48–52.

包水明，1994. 古柯与可卡因 [J]. 生物学教学（5）：41–42.

蔡龚莉，方帅，张起辉，2015. 蛇足石杉的药学研究进展 [J]. 天然产物研究与开发（27）：931–939，831.

柴士伟，马静，庄朋伟，等，2019. 杜仲有效成分在帕金森病治疗中的药理作用研究进展 [J]. 药物评价研究，42（5）：1003–1009.

陈传馨，2017. 松树文化的探寻 [J]. 福建林业（2）：20.

陈东亮，钟楚，简少芬，等，2020. 人参种质资源及育种研究进展 [J]. 贵州农业科学，48（10）：111–116.

陈茂剑，蒋玮，覃庆洪，等，2019. 辣椒碱抗肿瘤作用分子机制的研究进展 [J]. 中国实验方剂学杂志，25（7）：100–108.

陈尚武，李德美，罗国光，等，2005. 欧美杂交种酿酒葡萄的历史与展望 [J]. 中外葡萄与葡萄酒（4）：28–30.

陈显双，2006. 柬埔寨糖棕的主要特性及苗木繁育技术 [J]. 广西热带业（6）：48–49.

陈小军，杨益众，张志祥，等，2010. 印楝素及印楝杀虫剂的安全性评价研究进展 [J]. 生态环境学报，19（6）：1478–1484.

陈晓英，郭晓云，李翠，等，2019. 萝芙木属植物药理活性和单萜吲哚生物碱合成途径研究进展 [J]. 中草药，50（8）：2004–2012.

陈雪梅，王涛，宋金萍，等，2011. 秋水仙及其活性成分的研究进展 [J]. 新疆中医药，29（3）：80–82.

陈雅纯，韩玮钰，张拓，等，2019. 葡萄多酚类物质研究进展 [J]. 农产品加工（10）：83–86.

陈禹汐，于寒松，王敏，等，2021. 大豆皂苷的研究进展与应用 [J]. 食品工业科技，42（21）：420–427.

陈熺，2019. HPLC 法测定不同产地蛇足石杉中石杉碱甲含量 [J]. 海峡药学，31（8）：113–115.

陈忠孝，胡国文，1992. 印楝质杀虫剂的研究及前景 [J]. 世界农业（7）：30–31.

程程，2009. 透过陆羽《茶经》解读茶文化的内涵 [J]. 黑龙江史志（16）：69–70.

仇菊，刘鹏，孙君茂，2016. 彩色马铃薯营养保健功能及其食品开发研究进展 [J]. 食品与机械，32（10）：226–229.

戴雪来，陈烈胜，2018. 论中国传统绘画艺术与茶文化 [J]. 音乐时空（17）：35–36.

董雪静，朱华，王颖，2021. 大蒜素对肿瘤细胞作用的研究进展 [J]. 大众科技，23（3）：46–49.

董艳鹤，王成章，宫坤，等，2009. 漆树资源的化学成分及其综合利用研究进展 [J]. 林产化学与工业，29（增刊）：225–232.

杜红岩，杜庆鑫，2020. 我国杜仲产业高质量发展的基础、问题与对策 [J]. 经济林研究，38（1）：1–10.

杜君立，2015. 咖啡世界史 [J]. 企业观察家（10）：109–111.

杜瑜欣，李玉铭，高焌茹，等，2018. 甘蔗多酚提取工艺及其在食品工业中的应用进展 [J]. 43（7）：173–177.

冯琳，龚自明，郑鹏程，等，2018. 茶类胡萝卜素研究进展 [J]. 植物科学学报，36（6）：899–905.

冯岩，李朝平，朱龙英，等，2021. 番茄果实可溶性固形物研究进展 [J/OL]. 分子植物育种，https：//kns.cnki.net/kcms/detail/46.1068.S.20210122/ol.1747.022.html.

冯耀然，2020. 小剂量激素与秋水仙碱治疗急性痛风性关节炎的临床效果 [J]. 慢性病学杂志，21（8）：1233–1235.

付琳，付强，李冀，等，2021. 黄连化学成分及药理作用研究进展 [J]. 中医药学报，49（2）：87–92.

盖晓红，刘素香，任涛，等，2018. 黄连的化学成分及药理作用研究进展 [J]. 中草药，49（20）：4919–4927.

盖晓红，刘素香，任涛，等，2017. 银杏化学成分、制剂种类和不良反应的研究进展 [J]. 药物评价研究，40（6）：742–751.

高健，吕邵娃，2021. 人参化学成分及药理作用研究进展 [J]. 中医药导报，27（1）：127–130，137.

高娅北，段史江，付宗仁，等，2018. 烟草多酚类物质研究进展 [J]. 安徽农业科学，46（7）：38–40.

耿敬章，2011. 银杏中营养成分和功能因子的研究进展 [J]. 氨基酸和生物资源，33（1）：63–66.

顾清，刘业茂，牟福昌，2000. 红豆杉属植物的成分药理及临床应用进展 [J]. 基层中药杂志，14（6）：45–46.

郭平银，齐士军，徐宪斌，等，2007. 能源植物甜高粱的研究利用现状及展望 [J]. 山东农业科学（3）：126–128.

韩汉白，崔明昆，2012. 怒族对漆树利用的民族植物学研究 [J]. 原生态民族文化学刊，4（2）：2–10.

韩松，张文治，2018. 松属植物的化学成分及生物活性研究进展 [J]. 高师理科学刊，38（7）：47–50.

何红中，李鑫鑫，2017. 欧亚种葡萄引种中国的若干历史问题探究 [J]. 中国农史（5）：25–35.

何学高，黄晓华，2019. 中国古代生漆加工及利用史略 [J]. 东北农业大学学报（社会科学版），17（5）：83–89.

贺潜，2016. 生漆致痒机理初探 [D]. 吉首：吉首大学 .

黑育荣，彭修娟，杨新杰，2019. 松花粉的有效成分及药理活性研究进展 [J]. 农产品加工（9）：95–96，99.

侯进慧，刘春雷，2020. 我国大蒜资源深加工与产业化研究进展 [J]. 生物资源，42（1）：36–42.

胡春莲，李丽，聂磊，等，2021. 大蒜素抗纤维化的研究进展 [J]. 广东化工，48（6）：58–59.

黄家雄，李贵平，2008. 中国咖啡遗传育种研究进展 [J]. 西南农业学报，21

（4）：1178–1181.

黄强，舒婷，刘小龙，等，2018. 马铃薯的营养价值概述 [J]. 现代食品（16）：58–59.

黄晓林，郑优，单琰婷，等，2015. 海带化学成分和药理活性研究进展 [J]. 浙江农业科学，56（2）：246–250.

黄馨凤，李万成，2011. 蛇足石杉的生态环境研究进展 [J]. 中国林副特产（2）：73–76.

黄亚辉，盛孝邦，2005. 薯蓣皂甙元的研究进展 [J]. 中国野生植物资源，24（5）：20–23.

黄子康，赵通，汲玉同，等，2020. 一种甘蔗榨汁机的设计 [J]. 内燃机与配件（9）：226–227.

霍锋，张渝皎，马培贵，等，2008. 银杏的化学成分及生物活性研究进展 [J]. 四川林业科技，29（5）：17–20.

季宇彬，辛国松，曲中原，等，2016. 石蒜属植物生物碱类化学成分和药理作用研究进展 [J]. 中草药，47（1）：157–164.

贾子昉，赵海红，李成奇，等，2014. 棉花种质资源遗传多样性研究进展 [J]. 贵州农业科学，42（1）：16–20.

姜慧，胡瑞芳，邹剑秋，等，2012. 生物质能源甜高粱的研究进展 [J]. 黑龙江农业科学（2）：139–141.

姜太玲，沈绍斌，张林辉，等，2018. 胡椒的化学成分生理功能及应用研究进展 [J]. 农产品加工（1）：48–51.

姜雪，孙森凤，王悦，2017. 麻黄成分及其药理作用研究进展 [J]. 化工时刊，31（5）：28–31.

金华斌，田维敏，史敏晶，2017. 我国天然橡胶产业发展概况及现状分析 [J]. 热带农业科学，37（5）：98–104.

金同铭，1998. 番茄的营养价值与保健作用 [J]. 蔬菜（3）：3–5.

雷富平，陈亮，张志军，等，2016. 红景天挥发油的提取及其组成分析研究进展 [J]. 江苏调味副食品（4）：12–18.

李傲辰，2020. 大豆的主要营养成分及营养价值研究进展 [J]. 食品科学（23）：213–214，218.

李秉滔，1982. 纪念蒋英教授 [J]. 植物杂志（3）：38–40.

李铎，杨建忠，郭昌盛，2016. 棉纤维的研究现状及发展趋势 [J]. 成都纺织高等专科学校学报，33（2）：174–177，185.

李付鹏，伍宝朵，吴刚，等，2021. 6 个不同可可品系（品种）比较试验 [J]. 热带作物学报，42（6）：1625–1631.

李海碧，桂意云，张荣华，等，2019. 甘蔗抗旱性及抗旱育种研究进展 [J]. 分子植物育种，17（10）：3406–3415.

李佳莲，方磊，张永清，等，2012. 麻黄的化学成分和药理活性的研究进展 [J]. 中国现代中药，14（7）：21–27.

李浪，张泽俊，彭潇，等，2020. 魔芋中多糖提取分离纯化及应用研究进展 [J]. 山东化工，49：50–53.

李林媛，屈玟珊，戴全宽，等，2018. 不同生境人参的化学成分比较研究进展 [J]. 广东药科大学学报，34（6）：803–807.

李梅，徐丹旎，李丽江，等，2018. 咖啡树咖啡碱合成相关基因研究进展 [J]. 热带农业科学，38（9）：45–52.

李孟华，徐玉琼，张峻松，2009. 烟草中烟碱的分析研究进展 [J]. 农产品加工·学刊（9）：71–74.

李全辉，邵登魁，李江，等，2019. 辣椒果实类胡萝卜素生物合成研究进展 [J]. 植物遗传资源学报，20（2）：239–248.

李祥，马建中，史云东，2010. 盾叶薯蓣、薯蓣皂素研究进展及展望 [J]. 林产化学与工业，30（2）：107–112.

李翔，2019. 曼陀罗花药理和毒理学的研究进展 [J]. 现代商贸工业（35）：77–78.

李雪彤，吴委林，权伍荣，2018. 红景天属药用植物研究进展 [J]. 延边大学农学学报，40（4）：83–90.

李雅娟，曹福祥，李萌，2015. 萝芙木生物碱的药理作用与分离提取方法的研究进展 [J]. 生命的化学，35（2）：258–263.

李寅珊，刘光明，李冬梅，2012. 松属植物化学成分及抗肿瘤活性研究进展 [J]. 时珍国医国药，23（3）：726–727.

李莹，李钟，郭培国，2015. 烟草中主要生物活性成分的研究进展 [J]. 天然产物研究与开发（27）：2157–2163.

李勇，石晓东，高润梅，2015. 我国薯蓣属植物繁育技术研究进展 [J]. 山西林业科技，44（4）：44–49.

李玉萍，龙绛雪，曹福祥，等，2010. 根部生物碱积累的组织化学定位研究 [J]. 中南林业科技大学学报，30（9）：157–161.

连素梅，叶曦雯，罗忻，等，2018. 棉纤维结构与理化性能关系分析 [J]. 棉花科学，40（1）：48–52.

林贝贝，张新党，王恒志，等，2020. 橡胶籽营养价值及其在水产饲料中的应用进展 [J]. 云南农业大学学报（自然科学），35（5）：919–925.

林凡，何桀，2019. 咖啡与健康研究进展 [J]. 保健医学研究与实践，16（4）：15–18.

林慧婷，王培鑫，赖斌，等，2020. 海带多糖的功能活性及应用研究进展 [J]. 食品研究与开发，41（14）：188–195.

刘聪，郭非非，肖军平，等，2020. 杜仲不同部位化学成分及药理作用研究进展 [J]. 中国中药杂志，45（3）：497–512.

刘二喜，牟方贵，潘娅妮，等，2011. 魔芋属植物花器生物学特性及其可交配性的研究 [J]. 中国农学通报，27（31）：126–131.

刘公社，周庆源，宋松泉，等，2009. 能源植物甜高粱种质资源和分子生物学研究进展 [J]. 植物学报，44（3）：253–261.

刘桂红，乌英珍，2016. 禁毒工作中对含有麻黄碱成分易制毒药品的监管 [J]. 中国人民公安大学学报（自然科学版），22（3）：64–66.

刘海清，2009. 我国甘蔗产业现状与发展趋势 [J]. 中国热带农业（1）：8–9.

刘佳，肖倩，2020. 颠茄生物碱代谢过程中关键酶的研究概况 [J]. 生物化工，6（4）：123–125.

刘珂，陈官芝，王成波，等，2019. 秋水仙碱在皮肤科中的应用进展 [J]. 青岛大学学报（医学版），55（5）：624–627.

刘苗，张龙林，宋泽和，等，2021. 茶多酚对肠黏膜屏障功能的调控作用研究进展 [J]. 中国畜牧杂志，57（6）：47–52.

刘平香，邱静，翁瑞，等，2021. 大蒜中主要功效成分分析研究进展 [J]. 农产品质量与安全（2）：67–73.

刘洋洋，汪春牛，许琼情，等，2009. 萝芙木属植物吲哚生物碱成分研究进展

[J]. 海南师范大学学报（自然科学版），22（4）：425–435.
刘姚，麦任娣，黄晶，等，2019. 石蒜属植物生物碱类化合物及其构效关系研究进展 [J]. 35（5）：114–121.
刘易伟，胡文忠，姜爱丽，等，2014. 辣椒的营养价值及其加工品的研发进展 [J]. 食品工业科技，35（15）：377–381.
刘志宏，张璞，李桂英，2009. 发展能源作物甜高粱促进生态文明建设 [J]. 农业科技通讯（6）：107–109.
柳子明，1983. 葡萄栽培历史及发展简况 [J]. 湖南农学院学报（2）：103–106.
龙金花，熊硕，刘硕谦，等，2015. 黄花蒿青蒿素研究进展 [J]. 湖南农业科学（6）：145–147，151.
娄娅彬，2012. 贵州香樟习性、价值及种植技术初探 [J]. 现代园艺（8）：54.
卢肖平，2015. 马铃薯主粮化战略的意义、瓶颈与政策建议 [J]. 华中农业大学学报（社会科学版）（3）：1–7.
陆丽丽，孔德华，王见斌，等，2020. 致死量秋水仙碱中毒及救治 1 例 [J]. 中国当代医药，27（14）：195–197.
吕巨智，染和，姜建初，2009. 马铃薯的营养成分及保健价值 [J]. 中国食物与营养（3）：51–52.
吕昕泽，吴秀祯，张卫，2012. 葡萄多酚对心肌保护作用研究进展 [J]. 药物评价研究，35（1）：46–52.
栾庆祥，2016. 杜仲化学成分和药理作用研究进展 [J]. 安徽农业科学，44（9）：153–156.
罗兴训，李鹏，陈琴华，2017. 喜树碱及其衍生物药理活性与合成研究进展 [J]. 中医药导报，23（7）：83–86.
洛文，2014. 罂粟之功过（上）[J]. 开卷有益（求医问药）（8）：53.
马佳欣，邢媛媛，郭世伟，等，2019. 黄花蒿提取物的生物活性作用研究进展 [J]. 动物营养学报，31（11）：4973–4977.
马进，向极钎，杨永康，等，2014. 黄花蒿新品种选育现状及其系统选育研究进展 [J]. 湖北农业科学，53（19）：4520–4524.
马楠，宋娟，2020. 魔芋的应用与研究进展 [J]. 科技与创新（17）：160–161.
马晓英，崔留欣，2008. 烟草毒理研究进展 [J]. 中国烟草学报，14（2）：

56–64.

马艳丽，王鹏，2013. 糖槭的应用价值与栽培技术 [J]. 黑龙江农业科学（5）：154–155.

孟凡冰，刘达玉，李云成，等，2016. 魔芋葡甘聚糖的结构、性质及其改性研究进展 [J]. 食品工业科技，37（22）：394–400.

孟繁浩，巩丽颖，佟馨，2002. 抗癌药物——喜树碱类衍生物研究进展 [J]. 生命的化学，22（3）：265–267.

牟萍，王兆升，范祺，等，2018. 葡萄多酚的生理活性及提取方法研究进展 [J]. 中国果菜（12）：30–35，45.

穆晓燕，郑艳，朱新鹏，2019. 魔芋低聚糖生理作用及应用的研究进展 [J]. 现代商贸工业，40（11）：219–222.

牛凯晶，杨静娜，耿晓燕，等，2015. 环氧化天然橡胶及其应用研究进展 [J]. 橡胶工业（62）：57–61.

潘大为，2016. 知识与权力的传奇：康熙与金鸡纳史实考辨 [J]. 科学文化评论（13）：88–101.

潘瑞，瞿显友，蒋成英，等，2019. 红豆杉资源保护与利用的研究进展 [J]. 重庆中草药研究，75（1）：48–50.

潘显道，王存英，2003. 天然抗肿瘤药喜树碱衍生物的研究进展 [J]. 药学学报，38（9）：715–720.

潘宇，李顺祥，傅超凡，2013. 漆树的现代研究进展 [J]. 科技导报，31（26）：74–79.

潘宇，李顺祥，傅超凡，2014. 漆树的药理研究进展 [J]. 中成药，36（3）：593–597.

彭敏，2018. 大蒜素药理学作用机制及研究进展 [J]. 现代中西医结合杂志，27（14）：1593–1596.

彭书练，丁芳林，2008. 辣椒中的几种功能成分及其应用 [J]. 辣椒杂志（1）：26–29.

强玮，王亚雄，张巧卓，等，2014. 颠茄托品烷生物碱合成途径基因表达分析与生物碱积累研究 [J]. 中国中药杂志，39（1）：52–58.

邱明华，张枝润，李忠荣，等，2014. 咖啡化学成分与健康 [J]. 植物科学学报，

32（5）：540–550.

阮煌，霍锋，张纯，等，2006. 红豆杉属植物的化学成分及药理作用研究进展[J]. 陕西林业科技（2）：1–5.

尚乐乐，宋建文，王嘉颖，等，2019. 番茄果实品质形成及其分子机理研究进展[J]. 中国蔬菜（4）：21–28.

申利红，李雅，2009. 秋水仙碱的研究与应用进展[J]. 中国农学通报，25（21）：185–187.

沈珑瑛，杨亚军，潘显道，2015. 石蒜碱及其衍生物抗病毒研究进展[J]. 医学研究杂志，44（4）：159–162.

沈晓静，字成庭，辉绍良，等，2021. 咖啡化学成分及其生物活性研究进展[J]. 热带亚热带植物学报，29（1）：112–122.

盛瑞，顾振纶，2002. 罂粟中阿片依赖机制及药物治疗进展[J]. 中国野生植物资源，21（1）：5–7，20.

宋艳红，史正涛，王连晓，等，2019. 云南橡胶树种植的历史、现状、生态问题及其应对措施[J]. 江苏农业科学，47（8）：171–175.

苏鑫，姬厚伟，刘剑，等，2017. 烟草中糖类物质分析的研究进展[J]. 贵州农业科学，45（3）：44–49.

孙兴姣，李红娇，刘婷，等，2018. 麻黄属植物化学成分及临床应用的研究进展[J]. 中国药事，32（2）：201–209.

唐君波，彭六保，崔巍，等，2006. 加兰他敏市场前景浅析[J]. 中国药房，17（22）：1690–1692.

唐三元，席在星，谢旗，2012. 甜高粱在生物能源产业发展中的前景[J]. 生物技术进展，2（2）：81–86.

陶德臣，2016. 茶叶由文化到技贸传播世界的历程[J]. 农业考古（2）：13–22.

滕荣仕，2019. 抗感冒药西药类成分临床应用新进展[J]. 世界最新医学信息文摘，19（95）：37–38.

田福忠，王宜磊，赵贵红，等，2020. 茶多酚抗菌作用研究进展[J]. 现代化农业（5）：29–32.

田玲，吴汉福，白新伟，2013. 喜树的化学成分及药理活性研究进展[J]. 六盘水师范学院学报，25（3）：5–7.

屠幼英，马驰，2020. 近 50 年我国茶资源综合利用研究成果及应用进展 [J]. 中国茶叶（12）：1–8.

汪建敏，1986. 世界咖啡地理 [J]. 热带地理，6（3）：273–284.

汪开治，2003. 有毒药用植物颠茄 [J]. 植物杂志（2）：26–27.

王安琪，袁庆军，郭宁，等，2021. 黄连属药用资源及其异喹啉生物碱的研究进展 [J]. 中国中药杂志（14）：3504–3513.

王彬，李延森，李春梅，等，2018. 甘蔗提取物的活性成分与生理功能研究进展 [J]. 畜牧与兽医，50（1）：137–139.

王芬，裴会敏，陈志，等，2020. 茶多酚功能及代谢机理研究进展 [J]. 现代食品（14）：21–22，30.

王红萍，段红梅，2013. 红豆杉的价值与开发利用研究进展 [J]. 北方园艺（12）：192–195.

王鸿博，肖皖，华会明，等，2011. 黄花蒿的化学成分研究进展 [J]. 现代药物与临床，26（6）：430–433.

王佳，王森，邵凤侠，等，2019. 漆树籽油开发利用研究进展 [J]. 中国粮油学报，34（2）：137–146.

王居仓，赵云青，慕小倩，等，2011. 曼陀罗种质资源研究进展 [J]. 陕西农业科学（1）：82–88.

王立浩，张宝玺，张正海，等，2020. 辣椒遗传育种研究进展 [J]. 园艺学报，47（9）：1727–1740.

王铭，李岸锦，孙立，等，2017. 棉花历史漫谈 [J]. 山东纺织经济（5）：42–43.

王胜超，2020. 薯蓣皂苷抗癌机制的研究进展 [J]. 重庆医学，49（18）：3123–3131.

王淑敏，2000. 罂粟，古柯和大麻 [J]. 生物学通报，35（3）：22–23.

王彤，苏鑫，2018. 红景天多糖药理作用研究进展 [J]. 甘肃中医药大学学报，35（5）：88–91.

王小博，侯娅，王文祥，等，2019. 藏药红景天的药理作用及其机制研究进展 [J]. 中国药房，30（6）：851–856.

王小军，武紫娟，2017. 川西高原红景天资源的开发研究进展及前景概述 [J].

绿色科技（15）：197–200.

王瑜，邢效娟，景浩，2014. 大蒜含硫化合物及风味研究进展 [J]. 食品安全质量检测学报，5（10）：3092–3097.

王宇卿，庄果，王晓瑜，等，2019. 基于 UPLC–ESI–Q–TOF–MSE 技术分析颠茄草化学成分 [J]. 药物分析杂志，39（6）：1063–1068.

王悦虹，娄大伟，于晓洋，等，2010. 人参的药理学作用研究进展 [J]. 吉林化工学院学报，27（2）：38–41.

韦巧，杨宝玲，高振江，2015. 我国甘蔗产业化现状浅析 [J]. 农机化研究（4）：247–254.

韦秋琴，张祖隆，2020. 秋水仙碱抗炎、抗纤维化及抗肿瘤的研究进展 [J]. 中国现代医学杂志，30（4）：76–81.

尉行，贺炅皓，2019. 特种功能改性剂在天然橡胶中的应用 [J]. 中国橡胶（6）：41–45.

魏守军，唐淑荣，匡猛，等，2017. 棉花产品质量安全与风险评估研究进展 [J]. 棉花学报，29（增刊）：89–99.

魏学立，曲玮，梁敬钰，2013. 银杏的研究进展 [J]. 海峡药学，25（2）：1–8.

邬华松，杨建峰，林丽云，2009. 中国胡椒研究综述 [J]. 中国农业科学，42（7）：2469–2480.

吴再丰，1994. 可卡因与古柯树 [J]. 科技潮（9）：46–47.

伍燕，张倩倩，张娟，等 . 香樟可挥发性成分分析及活性研究 [J]. 广州华工，48（21）：111–114.

席先蓉，2006. 分析化学 [M]. 北京：中国中医药出版社 .

夏笑，崔佳雯，2017. 中国银杏种质资源研究进展 [J]. 江西农业（7）：70.

晓婷，2010. 棉花的历史 [J]. 中国纤检（7）：45.

辛岩，程利民，付红岩，2015. 银杏多糖的研究进展 [J]. 农产品加工（6）：67–69.

修伟业，黎晨晨，王艺錡，等，2020. 番茄红素生物学功能研究进展 [J]. 食品科技，45（1）：322–325.

徐宁，冉俊祥，杨占臣，等，2009. 曼陀罗毒性的研究进展 [J]. 检验检疫学刊，19（1）：62–65.

徐文总，陆波，杜先柄，等，2010. 阻燃天然橡胶研究进展 [J]. 中国橡胶，26

（6）：35–38.

徐勇，郭鑫宇，项盛，等，2014. 植物源杀虫剂印楝素研究开发及应用进展 . 现代农药，13（5）：31–37.

徐有明，李双来，郭治成，等，2005. 薯蓣属植物基础研究进展与开发利用 [J]. 湖北林业科技（3）：37–41.

许怀萍，2008. 印楝质植物源农药对水稻主要害虫的作用机制研究进展及展望 [J]. 农技服务，25（3）：36–37.

许雯雯，龙松华，邱财生，等，2017. 甘蔗诱变育种研究进展 [J]. 热带农业科学，37（8）：68–73.

薛楚，刘思雪，黄芳，2019. 罂粟科植物罂粟、延胡索和岩黄连镇痛作用的研究进展 [J]. 药学研究，38（5）：290–294.

薛志成，2002. 棉花副产物综合利用 [J]. 保鲜与加工，2（4）：36.

杨福明，冯丽丽，罗淑年，等，2021. 大豆中生物活性成分及其检测技术研究进展 [J]. 食品安全质量检测学报，12（3）：858–865.

杨念云，张启春，等，2019. 黄连生物碱类资源性化学成分研究进展与利用策略 [J]. 中草药，50（20）：5080–5087.

杨秋容，夏玉玲，2014. 蛇足石杉资源分布和种植方面的研究进展 [J]. 吉林农业（17）：27–30.

杨如同，唐世蓉，潘福生，等，2007. 药源植物盾叶薯蓣甾体皂苷及皂苷元的研究进展 [J]. 中国野生植物资源，26（4）：1–5.

杨珊，2013. 可可粉的质量标准研究 [D]. 武汉：湖北中医药大学 .

杨鑫，邱建伟，张华，等，2007. 松属植物化学成分及生物活性的研究进展 [J]. 中药材，30（7）：878–883.

杨亚蒙，姜建福，樊秀彩，等，2020. 葡萄属野生资源分类研究进展 [J]. 植物遗传资源学报，21（2）：275–286.

姚国泰，黎娟，陈励，2016. 秋水仙碱在心血管疾病方面的研究进展 [J]. 心脏杂志，28（4）：483–487.

姚骏，张弘，郭森，等，2018a. 海带的生物活性及系列产品开发研究进展 [J]. 食品研究与开发，39（8）：198–202.

姚骏，张弘，郭森，等，2018b. 海带营养调味料的研究进展 [J]. 食品研究与开

发，39（4）：213–217.

于岚，郝正一，胡晓璐，等，2020. 胡椒的化学成分与药理作用研究进展 [J]. 中国实验方剂学杂志，26（6）：234–342.

余春燕，朱坤，黄建安，等，2021. 茶多酚对心肌保护作用的研究进展 [J/OL]. 食品科学 . https：//kns.cnki.net/kcms/detail/11.2206.TS.20210205.1609.041.html.

余凤高，2016. 从金鸡纳到青蒿素：疟疾治疗史 [J]. 世界文化（9）：61–63.

俞春英，沈晓霞，沈宇峰，等，2017. 蛇足石杉的研究进展 [J]. 浙江农业科学，58（12）：2179–2183.

袁萍，吴平，2015. 魔芋膳食纤维生物活性研究进展 [J]. 农产品加工（10）：65–67.

曾炳麟，赵茹，潘显道，2021. 石蒜碱药理活性及构效关系研究进展 [J]. 天然产物研究与开发（33）：342–351，341.

曾露露，丁传波，刘文丛，等，2018. 人参稀有皂苷药理活性的研究进展 [J]. 时珍国医国药，29（3）：680–682.

曾霞，郑服丛，黄茂芳，等，2016. 世界天然橡胶技术现状与展望 [J]. 中国热带农业（56）：31–36.

查冲，杜亚填，刘姣，2016. 蛇足石杉及石杉碱甲的研究进展 [J]. 湖南林业科技，43（2）：126–131.

张东东，孙金金，2016. 胡椒属植物资源应用研究进展 [J]. 现代农业科技（10）：74–76.

张浩然，周晓，张振友，等，2019. 山药黏蛋白提取及其相对分子量的测定 [J]. 泰山医学院学报，40（11）：863–864.

张箭，2016. 金鸡纳的发展传播研究：兼论疟疾的防治史（上）[J]. 贵州社会科学，324（12）：61–74.

张箭，2017. 金鸡纳的发展传播研究：兼论疟疾的防治史（下）[J]. 贵州社会科学，325（1）：84–95.

张婧，2019，颉建明，郁继华，等 . 辣椒素类物质的生物合成影响因素及其生理功能研究进展 [J]. 园艺学报，46（9）：1797–1812.

张林娜，2017. 茶叶机械化生产加工现状与思考 [J]. 农机科技推广（1）：41–43.

张琳，2007. 葡萄属植物生物学活性的研究进展 [J]. 新疆医科大学学报，30

（11）: 1236–1238.

张庆芳，2020. 甜高粱作为一种生物能源作物的研究进展 [J]. 园艺与种苗，40（5）: 54–56.

张世奇，唐兰兰，孙劲毅，等，2020. 辣椒素降糖作用及其机制研究进展 [J]. 食品与发酵工业，46（13）: 262–269.

张小永，李永霞，2017. 大蒜的功能特性研究现状 [J]. 南方农业，11（17）: 79–81.

张晓飞，黄肖，李琛，等，2021. 6 个国外引进橡胶树品种产排胶特性研究 [J]. 广东农业科学，48（4）: 23–28.

张学发，马云龙，金太渊，等，2012. 松树的生物学特性、栽植与利用 [J]. 现代畜牧科技（2）: 252.

张月洁，兰韬，初侨，等，2020. 大豆异黄酮的制备技术与功能活性进展研究 [J]. 食品安全质量检测学报，11（17）: 5964–5970.

张笮晦，童永清，钱信怡，等，2019. 香樟化学成分及药理作用研究进展 [J]. 食品工业科技，40（10）: 320–333.

张正海，曹亚从，于海龙，等，2019. 辣椒果实主要品质性状遗传和代谢物组成研究进展 [J]. 园艺学报，46（9）: 1825–1841.

张紫薇，李滢，曹鹏，等，2017. 薯蓣皂苷的抗癌机制研究进展 [J]. 食品科学，38（1）: 297–302.

赵粉侠，彭兴民，张燕平，2004. 印楝引种栽培及研究进展 [J]. 陕西林业科技（2）: 63–70.

赵刚，2005. 福建樟树精油生化类型与优良单株选择的研究 [D]. 福州：福建农林大学 .

赵继荣，杨涛，赵宁，等，2020. 杜仲诱导骨髓间充质干细胞成骨分化防治骨质疏松症相关信号通路研究进展 [J]. 中国骨质疏松杂志，26（12）: 1868–1872.

赵津池，2015. 印楝的化学成分研究进展 [J]. 药物研究，15（10）: 74–75.

赵秀玲，2012. 胡椒的功能因子、保健功能及其资源开发研究进展 [J]. 中国调味品，37（7）: 1–5.

赵云彤，董清山，范书华，等，2019. 烟草及其有效成分在多领域中的应用与

研究进展 [J]. 黑龙江农业科学（4）：154–156.

郑科勤，2018. 茶多酚的药理作用探讨 [J]. 福建茶叶，40（1）：33–34.

钟嘉伦，2019. 可可豆和玛咖中功效成分的提取、合成、分离技术以及理化性质研究 [D]. 杭州：浙江大学 .

衷海燕，黄国胜，2020. 美洲药用植物在华引种模式探析 [J]. 广西民族大学学报（自然科学版），26（3）：10–15.

衷海燕，黄国胜，2020. 植物、疾病与战争：民国广东金鸡纳树引种研究（1929—1949）[J]. 中国农史（2）：135–145.

周瑞，项昌培，张晶晶，等，2020. 黄连化学成分及小檗碱药理作用研究进展 [J]. 中国中药杂志，45（19）：4561–4573.

朱磊，武欣，刘云清，等，2021. 葡萄种质资源鉴评研究进展 [J]. 黑龙江八一农垦大学学报，33（4）：45–52.

朱美蓉，房玉林，2015. 葡萄多酚研究进展及其开发利用 [J]. 中国酿造，34（12）：1–4.

朱莹莹，2018. 加拿大糖槭引种栽培的生理生态适应性研究 [D]. 合肥：安徽农业大学 .

朱原，张永英，朱海波，等，2020. 番茄红素生物学功能研究进展 [J]. 食品研究与开发，41（18）：202–207.

左建国，2011. 中国大豆产业的困境及对策 [J]. 中国农业信息（11）：8–9.